U0935619

高水平地方应用型大学建设系列教材

材料科学与工程实验指导书

赖春艳　主　编

高立新　沈喜训　副主编

北　京

冶　金　工　业　出　版　社

2021

内 容 简 介

本书是一本针对材料科学与工程、新能源材料与器件、无机非金属材料、材料化学等材料专业学生的实验指导书。按照实验所涉及的材料种类共分为金属材料实验、无机非金属及储能材料实验和高分子材料实验三大类。每个实验按照实验目的、实验原理、实验药品和器材、实验步骤、实验结果和数据处理等部分设计构成，可以为相关专业的本科生提供基础实验、专业课内实验、综合实验的参考和指导。

图书在版编目（CIP）数据

材料科学与工程实验指导书／赖春艳主编. —北京：冶金工业出版社，2021.10

高水平地方应用型大学建设系列教材

ISBN 978-7-5024-8910-6

Ⅰ.①材…　Ⅱ.①赖…　Ⅲ.①材料科学—实验—高等学校—教学参考资料　Ⅳ.①TB3-33

中国版本图书馆 CIP 数据核字（2021）第 179269 号

出 版 人　苏长永
地　　址　北京市东城区嵩祝院北巷 39 号　邮编　100009　电话　（010）64027926
网　　址　www.cnmip.com.cn　电子信箱　yjcbs@cnmip.com.cn
责任编辑　郭雅欣　程志宏　美术编辑　吕欣童　版式设计　郑小利
责任校对　梅雨晴　责任印制　禹　蕊
ISBN 978-7-5024-8910-6
冶金工业出版社出版发行；各地新华书店经销；三河市双峰印刷装订有限公司印刷
2021 年 10 月第 1 版，2021 年 10 月第 1 次印刷
710mm×1000mm　1/16；9.5 印张；182 千字；134 页
35.00 元
冶金工业出版社　投稿电话　（010）64027932　投稿信箱　tougao@cnmip.com.cn
冶金工业出版社营销中心　电话　（010）64044283　传真　（010）64027893
冶金工业出版社天猫旗舰店　yjgycbs.tmall.com
（本书如有印装质量问题，本社营销中心负责退换）

《高水平地方应用型大学建设系列教材》
编 委 会

《高水平地方应用型大学建设系列教材》序

应用型大学教育是高等教育结构中的重要组成部分。高水平地方应用型高校在培养复合型人才、服务地方经济发展以及为现代产业体系提供高素质应用型人才方面越来越显现出不可替代的作用。2019年，上海电力大学获批上海市首个高水平地方应用型高校建设试点单位，为学校以能源电力为特色，着力发展清洁安全发电、智能电网和智慧能源管理三大学科，打造专业品牌，增强科研层级，提升专业水平和服务能力提出了更高的要求和发展的动力。清洁安全发电学科汇聚化学工程与工艺、材料科学与工程、材料化学、环境工程、应用化学、新能源科学与工程、能源与动力工程等专业，力求培养出具有创新意识、创新性思维和创新能力的高水平应用型建设者，为煤清洁燃烧和高效利用、水质安全与控制、环境保护、设备安全、新能源开发、储能系统、分布式能源系统等产业，输出合格应用型优秀人才，支撑国家和地方先进电力事业的发展。

教材建设是搞好应用型特色高校建设非常重要的方面。以往应用型大学的本科教学主要使用普通高等教育教学用书，实践证明并不适应在应用型高校教学使用。由于密切结合行业特色及新的生产工艺以及与先进教学实验设备相适应且实践性强的教材稀缺，迫切需要教材改革和创新。编写应用性和实践性强及有行业特色教材，是提高应用型人才培养质量的重要保障。国外一些教育发达国家的基础课教材涉及内容广、应用性强，确实值得我国应用型高校教材编写出版借鉴和参考。

为此，上海电力大学和冶金工业出版社合作共同组织了高水平地方应用型大学建设系列教材的编写，包括课程设计、实践与实习指导、实验指导等各类型的教学用书，首批出版教材18种。教材的编写将遵循应用型高校教学特色、学以致用、实践教学的原则，既保证教学内容的完整性、基础性，又强调其应用性，突出产教融合，将教学和学生专业知识和素质能力提升相结合。

本系列教材的出版发行，对于我校高水平地方应用型大学的建设、高素质应用型人才培养具有十分重要的现实意义，也将为教育综合改革提供示范素材。

上海电力大学校长 李和兴

2020年4月

前　言

“材料科学基础实验”是材料科学与工程和新能源材料与器件等专业的一门重要的技术基础课。本书根据“材料科学基础实验”教学大纲、结合本专业定位编写而成。本实验教材编写的目的是：在学习材料科学基础专业知识的基础上，让学生通过动手实验增加感性认识，验证所学理论，以期达到理论联系实际，并进一步深入掌握基础理论和灵活运用基础理论知识，即培养学生自己设计实验以研究各种材料现象的能力，培养学生验证理论、探求新知的能力，培养学生用理论分析问题和解决问题的能力。在实验教学过程中努力培养学生养成良好的工作习惯和严谨的学风。结合材料专业的专业定位和应用型大学的课程设置情况，编者将材料科学基础实验分为金属材料实验、无机非金属及储能材料实验和高分子材料实验。

第 1 章为金属材料实验，主要包含金相显微观察、铁碳合金组织观察、金属硬度测定、各种金属腐蚀测定实验、铝合金阳极氧化及着色设计、金属二元相图绘制等实验；第 2 章为无机非金属及储能材料实验，主要包含无机非金属材料热膨胀系数、热稳定性、化学稳定性的测定以及各种储能材料的制备和性能研究实验；第 3 章为高分子材料实验，主要包含高分子材料分子量、结构和性能的测定等。

本书由赖春艳主编，沈喜训和高立新两位教师担任副主编。赖春艳负责金属材料实验 1.4~1.12 节和无机非金属及储能材料实验全部的编写；沈喜训老师负责金属材料实验 1.1~1.3 节的编写；高立新老师负责高分子材料实验 3.1~3.9 节的编写。

本书是一本材料化学、材料科学与工程、新能源材料与器件等专业本科生的实验课教学用书，相关学校可根据各自专业设置及实验装备情况，从中选择适合内容进行教授和实验。

由于编者水平所限，书中疏漏之处敬请各位读者批评指正。

赖春艳
2020 年 9 月
于上海电力大学

目　　录

金属材料实验

金属材料是指具有光泽、延展性，易导电、传热好等性质的一类材料。金属材料的性能决定材料的使用范围，其主要性能包括4个方面：力学性能、化学性能、物理性能和工艺性能。常用的力学性能包括强度、塑性、硬度、冲击韧性、多级冲击抗力和疲劳极限等。化学性能是指金属与其他物质引起化学反应的特性，在实际应用中主要考虑的是金属的抗蚀性、抗氧化性以及与不同金属之间、金属与非金属之间形成的化合物对力学性能的影响等。其中，抗蚀性对金属的腐蚀疲劳损伤有着重大意义。物理性能主要包括密度、熔点、热膨胀性、磁性能等。工艺性能则是指金属对各种加工工艺方法所表现出来的适应性，主要有切削加工性能、可锻性、可铸性和可焊性。

在实际使用过程中，金属材料的一些特殊性质，例如疲劳、塑性、耐久性、硬度等起着非常关键的作用。疲劳是指在交变载荷的作用下，虽然应力水平低于材料的屈服极限，但经过长时间的应力反复循环作用后，金属材料也会发生突然脆性断裂，这种现象称为金属材料的疲劳。塑性是指金属材料在载荷外力的作用下，产生永久塑性变形而不被破坏的能力。金属材料在受到拉伸时，长度和横截面积都要发生变化，因此，金属的塑性可以用延伸率和断面收缩率两个指标来衡量。耐久性是指建筑金属腐蚀的主要形态，主要包括均匀腐蚀、孔蚀、电偶腐蚀、缝隙腐蚀和应力腐蚀。金属的硬度表示金属材料抵抗硬物体压入其表面的能力，它是金属材料的重要性能指标之一，一般硬度越高，耐磨性越好。常用的硬度指标有布氏硬度、洛氏硬度和维氏硬度。

金属材料基础实验主要结合金属材料方面的专业知识，开设了金相显微镜的使用、金相试样的制备、维氏显微硬度的使用和金属平衡组织和非平衡组织的观察。实验目的：掌握金相显微镜的原理和操作、观察方法；掌握金相试样的制备、镶嵌，打磨、抛光、腐蚀过程；掌握显微维氏硬度计的原理、使用；掌握利用显微镜观察金属平衡组织和非平衡组织的方法和步骤。

1.1 金相显微试样的制备实验

1.1.1 实验目的

（1）了解金相显微镜的使用方法。

(2) 熟悉目前常用的金相显微组织显示方法。

(3) 掌握金相试样制备的基本方法。

1.1.2 实验原理

在生产与科研中，金相显微分析是研究金属相关材料内部组织的重要手段。利用金相显微分析技术可以大致了解金属及合金的组织与化学成分的关系；可以确定各类金属经不同的加工与热处理后的显微组织的变化与性能的关系；可鉴别金属材料中存在的缺陷，如各种非金属夹杂物——氧化物、硫化物等在组织中的数量及分布情况、晶粒度大小、裂纹的走向、各种表面组织以及焊接组织的情况等。金相显微分析法是利用金相显微镜在专门制备的试样上放大100～1000倍，利用材料表面不同凹凸面对光线反射程度的差别来显示金属及合金的组织与缺陷的方法。

在利用金相显微镜做金属金相显微分析时，必须首先制备金相试样，在显微镜中所观察到的显微组织，是靠光线从试样观察面上的反射来实现的（见图1-1）。若试样观察面上的反射光能进入物镜，就可以从目镜中观察到反射的像，否则就观察不到。

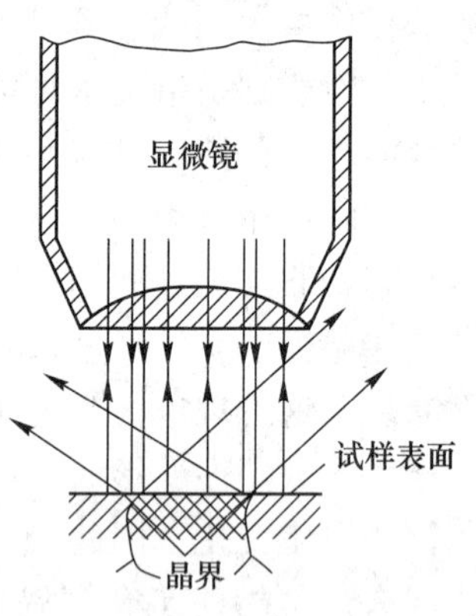

图1-1 光线在不同表面上的反射情况

由图1-1可见，未经制备的试样的表面相当于无数个与镜筒不垂直的平滑表面，这是不能成像的。因此，要先把试样观察面制备成光滑平面。但是光滑平面在显微镜下只能看到光亮一片，而不能看到显微组织结构特征，故还须用一定的浸蚀剂浸蚀试样观察面，使某些耐浸蚀弱的区域不同程度地受到浸蚀而呈现显微观察的凸凹不平。这些区域的反射光线被散射而呈暗色。由于明暗相衬，在显微观察中就能表示试样磨面组织结构的特征了。为了清楚显示出组织细节，要求磨面无变形层、曳尾和划痕等，还要保护好试样的边缘。金相试样的制备过程包括取样、镶嵌、磨制、抛光、浸蚀等工序。各道工序概括如下。

1.1.2.1 取样

取样是进行金相显微分析中很重要的一个步骤。显微试样的选取应根据研究的目的取其具有代表性的部位。例如：在检验和分析失效零件的损坏原因时，除了在损坏部位取样外，还需要在距破坏处较远的部位截取试样，以便比较；在研究铸件组织时，由于偏析现象的存在，必须从表层到中心同时取样进行观察；对于轧制和锻造材料则应同时截取横向（垂直于轧制方向）及纵向（平行于轧制方向）的金相试样，以便分析比较表层缺陷及非金属夹杂物的分布情况；对于一般经热处理后的零件，由于金相组织比较均匀，试样截取可在任一截面进行。

试样的尺寸通常采用直径为12～15mm、高度（或边长）为12～15mm的圆柱体或方形试样（见图1-2）。试样的截取方法视材料的性质不同而异，软的金属可用手锯或锯床切割；对硬而脆的材料（如白口铸铁）则可用锤击打下；对极硬的材料（如淬火钢）则可采用砂轮切割机或电脉冲加工等切割方法。但是，不论采用哪种方法，在切取过程中均不宜使试样的温度过于升高，以免引起金属组织的变化，影响分析结果。

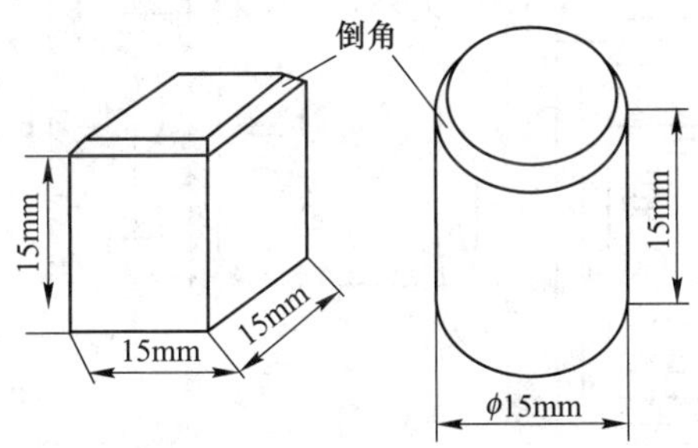

图1-2 金相试样的形状

1.1.2.2 镶嵌

对于尺寸过于细小的金属、片及管等，以及表面处理的试样（为防止边缘倒角），不镶嵌固定制样很困难，需要使用试样夹或利用样品镶嵌机把试样镶嵌在低熔点合金或塑料（如胶木粉、聚乙烯聚合树脂等）中，有些不宜加热的试样，可用冷镶嵌（环氧树脂）或机械夹具夹持。目前一般是采用塑料镶嵌，如图1-3所示。但是有些样品不宜镶嵌，如需采用电化学抛光和腐蚀的样品。

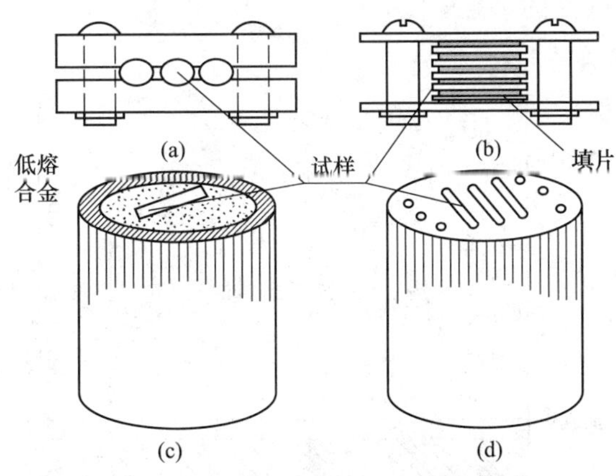

图1-3 镶嵌方法

(a)，(b) 机械镶嵌；(c) 低熔点合金镶嵌；(d) 塑料镶嵌采用塑料作镶嵌材料时，一般在金相试样镶嵌机上进行镶样。金相试样镶嵌机主要包括加压设备、加热设备及压模三部分（见图 1-4）。使用时将试样放在下模上，选择较平整的一面向下，在套筒空隙间加入塑料，然后将上模放入压模（套模）内，通电加热至额定温度后再加压，待数分钟后除去压力，冷却后取出试样。

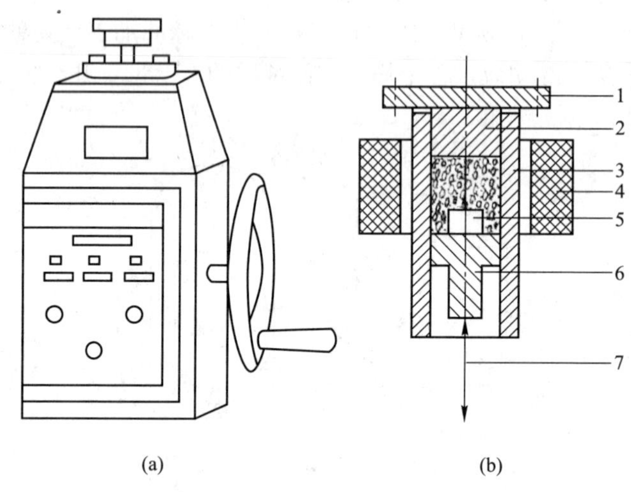

图 1-4 XQ-2 型镶样机

（a）外形示意图；（b）镶嵌示意图

1—旋钮；2—上模；3—套模；4—加热器；5—试样；6—下模；7—加压机构

1.1.2.3 磨制

磨制是为了得到平整的磨面，为抛光做准备。一般磨制分为粗磨和细磨两步。图 1-5 表示切取试样后形成的粗糙表面，经粗磨、细磨、抛光后磨痕逐渐消除，得到平整光滑磨面的示意图。

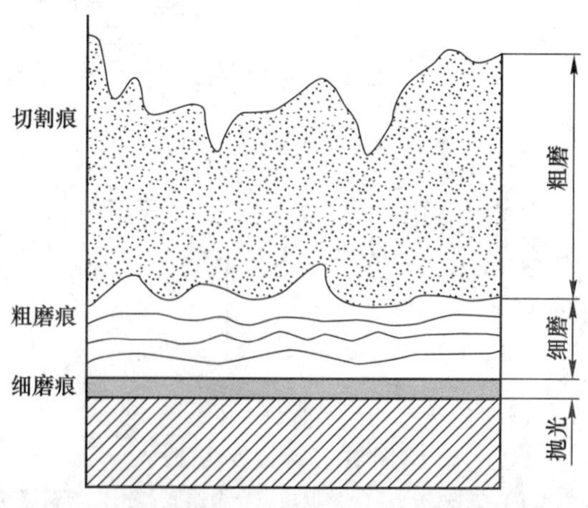

图 1-5 试样磨面上磨痕变化示意图

粗磨的目的是为了获得一个平整的表面，钢铁材料试样的粗磨通常在砂轮机上进行。但在磨制时应注意：试样对砂轮的压力不宜过大，否则会在试样表面形成很深的磨痕，从而增加细磨和抛光的难度；要随时用水冷却试样，以免受热的影响而引起组织的变化；试样边缘的棱角如没有保存的必要，可先行磨圆（倒角），以免在细磨及抛光时划破砂纸或抛光布，甚至造成试样从抛光机上飞出伤人的事故。当试样表面平整后，粗磨完成，然后将试样用水冲洗擦干。

经粗磨后的试样表面虽较平整但仍存在较深的磨痕。细磨的目的就是消除这些磨痕，以获得一个更为平整而光滑的磨面，并为下一步抛光做准备。细磨是在一套粗细程度不同的金相砂纸上由粗到细依次进行的。细磨时可将砂纸放在玻璃上，手指紧握试样并使磨面朝下，均匀用力向前推行磨制，在更换砂纸时，须将试样的研磨方向调转 90°，即与上一道磨痕方向垂直，直到把上一道砂纸所产生的磨痕全部消除为止。此外，在更换砂纸时还应将试样、玻璃板清理干净，以防将粗砂粒带到下一道细砂纸上产生粗的磨痕。为了加快磨制速度可在预磨机上实现机械磨光。

1.1.2.4　抛光

细磨后的试样还需要进行最后一道磨制工序——抛光，其目的是去除细磨时遗留下来的细微磨痕，以获得光亮无瑕疵的镜面。试样的抛光一般可分为机械抛光、电解抛光和化学抛光。

机械抛光：试样的机械抛光是在专用抛光机上进行的，抛光机的主要结构由电动机和水平抛光盘组成，抛光盘上铺以细帆布、呢绒、丝绸等，抛光时在抛光盘上不断滴注抛光液保持湿润。抛光液通常采用 Al_2O_3、Cr_2O_3（粒度约为 0.3～1μm）的粉末在水中的悬浮液或人造金刚石研磨膏等。机械抛光就是靠极细的抛光粉末与磨面间产生的相对磨削和滚压作用来消除磨痕的。操作时将试样磨面均匀地压在旋转的抛光盘上（可先轻后重）并沿盘的边缘到中心不断作径向往复移动，抛光时间一般约 3～5min，最终抛光后，试样表面应看不出任何磨痕而呈光亮的镜面。需要指出的是抛光时间不宜过长，压力也不可过大，否则将会产生紊乱层而导致组织分析得出错误的结论。抛光结束后用水冲洗试样并用棉球擦拭，最后滴上酒精用吹风机吹干，若只需要观察金属中的各种夹杂物或铸铁中的石墨形状时，则可将试样直接置于金相显微镜下进行观察。

电解抛光：电解抛光仅有电化学溶解作用，无机械力的影响，不致引起表层金属变形或流动，能获得光滑平整的磨面，从而能够较正确地显示出金相组织的真实性。电解抛光的简单装置如图 1-6 所示。电解抛光时把磨光的试样浸入电解液中，接通试样（阳极）与阴极之间的电源（通常采用直流电源），阴极可采用铅或不锈钢等，并与试样抛光面保持一定的距离（25～300mm），当电流密度足够时，试样磨面即产生选择性溶解，此时，靠近阳极的电解液在试样的表面上形成一层厚度不一的薄膜，由于薄膜本身具有较大电阻，并与其厚度成正比，如果试样表面是高低不平的，则突出部分薄膜的厚度要比凹陷部分的薄膜厚度薄些，因此突出部分电流密度最大，由此金属被迅速地溶入电解液中，突出部分渐趋平坦，最后形成平整光滑的表面。

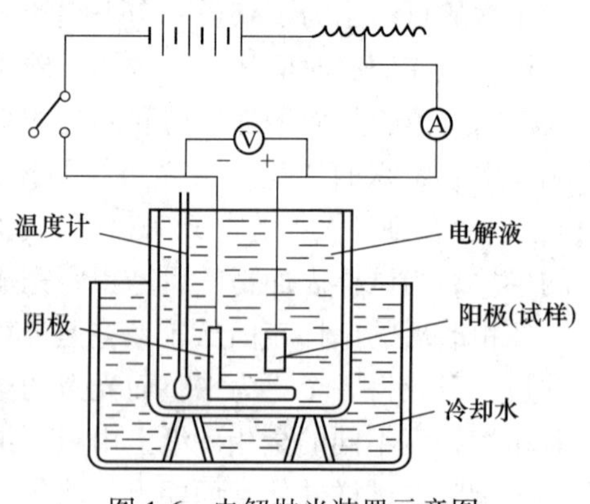

图 1-6　电解抛光装置示意图

电解抛光的效果，在选定电解液的条件下，取决于电流密度、温度、抛光电压、溶液新旧程度及抛光时间等参数的变化。电解抛光用的电解液一般由以下 3 类成分组成：(1) 酸类。其具有氧化能力，是电解液的主要成分，如过氯酸、铬酸和正磷酸等。(2) 溶媒。其用于冲淡酸类，并能溶解在抛光过程中磨面所产生的薄膜中，如酒精、醋酸酐和冰酸酐等。(3) 一定数量的水分。

化学抛光：化学抛光的实质与电解抛光相类似，也是一个表层溶解过程，但它纯粹是靠化学药剂对于不均匀表面产生选择性溶解的结果而获得光亮的抛光面。

1.1.2.5　浸蚀

金相试样经抛光后，在显微镜下观察只能看到光亮的表面和夹杂物、石墨、孔洞、裂纹等。要观察金属的组织，必须经过适当的腐蚀，使显微组织能正确地显示出来。最常用的金相组织显示方法是化学浸蚀法。化学浸蚀是将抛光好的试样磨面在化学浸蚀剂（常用腐蚀试剂见表 1-1）中浸润或拭擦一定时间。在这样由浸蚀剂对试样表面所引起的选择性化学溶解作用或电化学溶解作用下形成凹凸不平的表面。当光线照射到凹凸不平的试样表面时，由于各处对光线的反射程度不同，在显微镜下就能观察到各种不同的组织及组成相。它们的浸蚀方式则取决于组织中组成相的性质和数量。

表 1-1　金属材料常用腐蚀剂

腐蚀剂名称	成　分	腐蚀条件	适用范围
硝酸酒精溶液	硝酸 1 ~ 5mL、酒精 100mL	室温腐蚀数秒	碳钢和低合金钢
苦味酸酒精溶液	苦味酸 0.004kg、酒精 100mL	室温腐蚀数秒	碳钢及低合金钢的细微组织（珠光体）

续表 1-1

腐蚀剂名称	成 分	腐蚀条件	适用范围
苦味酸、盐酸酒精溶液	盐酸 0.005kg、苦味酸 0.001kg、酒精 100mL	室温腐蚀数秒	碳钢及低合金钢的奥氏体和回火马氏体
苦味酸钠溶液	苦味酸 0.002kg、氢氧化钠 0.025kg、水 100mL	加热到 60℃，腐蚀 5~30min	碳钢及低合金钢的渗碳体染色，铁素体不被染色
王水溶液	盐酸 3 份、硝酸 1 份	腐蚀数秒	各类高合金钢及不锈钢
氯化铁、盐酸水溶液	三氯化铁 0.005kg、盐酸 10mL、水 100mL	腐蚀 1~2min	黄铜及青铜的组织显示
混合酸酒精溶液	盐酸 10mL、硝酸 3mL、酒精 100mL	腐蚀 2~10min	高速钢淬火及淬火后回火组织
氢氟酸水溶液	氢氟酸（48% HF）0.5mL、水 100mL	室温腐蚀数秒	铝及其合金组织

纯金属或单相合金的浸蚀。纯金属或单相合金的浸蚀仍是一个纯化学溶解过程，由于金属及合金的晶界上原子排列混乱，并具有较高的能量，因此晶界处较为容易被浸蚀而呈现凹沟（见图 1-7（a））；同时，由于每个晶粒中原子排列的位向不同，所以各自的溶解速度都不一样，致使被浸蚀的深浅程度也有区别，在垂直光线的照射下将显示出明暗不同的晶粒（见图 1-7（b））。

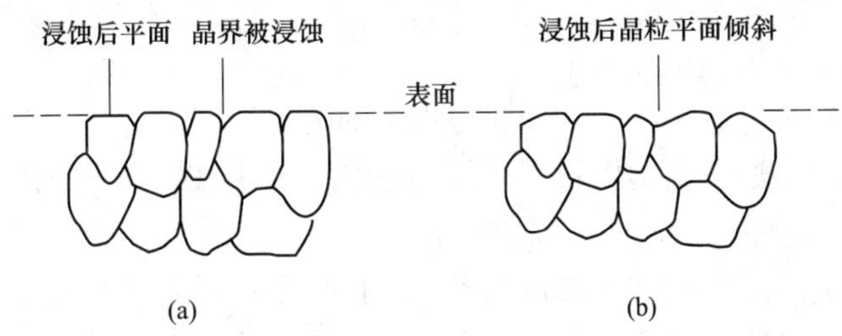

图 1-7 单相合金（纯金属）晶界和晶粒浸蚀示意图
（a）晶界；（b）晶粒

两相以上的合金。其浸蚀主要是一个电化学腐蚀过程，由于各组成相的成分不同，各自具有不同的电极电位。当试样浸入具有电解液作用的浸蚀剂中，就在两相之间形成无数对“微电池”，具有负电位的一相成为阳极，被迅速地溶入浸蚀剂中，而使该相形成凹洼，在显微镜下呈现暗黑色；具有正电位的另一相成为阴极，在正常电化学作用下不受浸蚀而保持原有平面，呈现光亮表面。图 1-8 为两相合金浸蚀后的示意图。

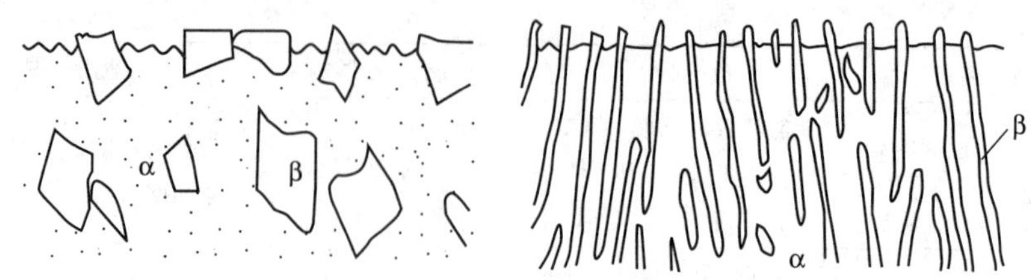

图 1-8 两相合金浸蚀后的示意图

浸蚀方法：通常是将试样磨面浸入浸蚀剂中，也可用棉花沾上浸蚀剂擦拭表面，浸蚀时间要适当，一般使试样磨面由镜面变成银灰色时即可停止，如果浸蚀不足，可重复浸蚀，浸蚀完毕后立即用清水冲洗，然后用酒精滴至磨面并吹干。至此，金相试样制备工作全部结束，即可在显微镜下进行组织观察和分析研究，不同的材料需选用不同的浸蚀剂。金属材料常用浸蚀剂可参考表 1-1。

1.1.3 实验设备及材料

实验设备：光学金相显微镜、试样切割机、砂轮机、金相抛光机及电吹风机等。

实验材料：低碳钢试样、工业纯铁铁素体、T12 钢珠光体显微组织样品、不同型号的金相砂纸、抛光粉、硝酸酒精溶液（含 4%HNO_3）、酒精、脱脂棉等。

1.1.4 实验内容及步骤

实验内容及步骤为：

（1）每人领取钢铁试样一个。

（2）用砂轮机打磨试样，直到获得平整的表面。

（3）采用湿磨法依次利用不同型号的砂纸（300~1500 号）对钢铁试样进行从粗到细磨光。

（4）用机械抛光机对试样进行抛光，获得平整、无划痕的光亮镜面。

（5）将抛光好的试样依次用自来水、去离子水冲洗干净。

（6）将试样磨光面浸泡在浸蚀剂中，对试样进行表面腐蚀。

（7）腐蚀之后的试样，用酒精冲洗去除残留腐蚀液，并利用吹风机吹干。

（8）利用显微镜对吹干后的腐蚀试样进行组织观察，并绘出显微组织示意图。

实验完毕后清理仪器并打扫实验台面和地面。

1.1.5 数据整理

（1）扼要描述光学金相显微镜的基本原理和使用方法。

（2）叙述金相试样制备的过程。

（3）在报告纸上，用铅笔画出所制备试样的显微组织图，并注明试样的材料、组织类别、浸蚀剂及放大倍数。

1.1.6 思考题

（1）金相显微镜使用时应注意什么问题？

（2）制备金相试样时，如何使试样制备得又快又好？

1.2 铁碳合金的室温平衡状态组织观察实验

1.2.1 实验目的

（1）初步识别各种铁碳合金在平衡状态下的显微组织特征。

（2）分析含碳量对铁碳合金平衡组织的影响，加深理解成分和组织之间的相互关系。

1.2.2 实验原理

铁碳合金根据其自身含碳量主要分为碳钢和铸铁两大类，它们都是工业上应用最广的金属材料，它们的性能与其显微组织密切相关，铁碳合金的显微组织是研究钢铁材料的基础，因此，对碳钢和白口铸铁显微组织的观察和分析是十分重要和有实际意义的。所谓铁碳合金平衡状态的组织是指在极为缓慢的冷却条件下，比如退火状态所得到的组织，其相变过程按 $Fe\text{-}Fe_3C$ 相图进行，此相图是研究碳钢和铸铁平衡态组织，制定热加工工艺的重要依据。根据含碳量的不同，碳钢和白口铸铁室温平衡组织均由铁素体 F 和渗碳体 Fe_3C 两个相按不同数量、大小、形态和分布所组成。在用金相显微镜分析铁碳合金的组织时，需了解相图中各个相的本质及其形成过程，明确图中各线的意义，三条水平线上的反应产物的本质及形态，并能做出不同合金的冷却曲线，从而得知其凝固过程中组织的变化及最后的室温组织。

碳钢和铸铁经缓冷后的显微组织基本上与 $Fe\text{-}Fe_3C$ 相图所预料的各种平衡组织相符合。与铸铁相比较，碳钢由于其含碳量相对较低，质地较软，在实际工程应用中，其部分碳钢往往需通过非平衡凝固，改变其内部组织来改变其宏观机械性能满足工业应用。

1.2.2.1 碳钢和铸铁在平衡态下的显微组织

从 $Fe\text{-}Fe_3C$ 相图上可以看出，所有碳钢和白口铸铁的室温组织均由铁素体（F）和渗碳体（Fe_3C）这两个基本相组成。但是，由于含碳量不同，铁素体和渗碳体的相对量、析出条件及分布情况均有所不同，因而呈现各种不同的组织形态和形貌。

A 组织组成物

(1) 铁素体（F）。铁素体是碳在 α-Fe 中的固溶体。铁素体为体心立方晶格，具有磁性及良好的塑性，硬度较低。用3%~4%的硝酸酒精浸蚀后，工业纯铁样品在显微镜下呈现明亮的等轴晶粒；亚共析钢中铁素体呈块状分布；当含碳量接近于共析成分时，铁素体则呈断续的网状分布于珠光体周围。

(2) 渗碳体（Fe_3C）。渗碳体是铁与碳形成的一种化合物，其含碳量为6.69%，质硬而脆，耐腐蚀性强，经3%~4%的硝酸酒精浸蚀后，渗碳体呈亮白色（若用苦味酸钠溶液浸蚀，则渗碳体能被染成暗黑色或棕红色，而铁素体仍为白色，由此，可区别铁素体与渗碳体）。按照合金成分和形成条件的不同，渗碳体可以呈现出不同的形态：一次渗碳体（初生相）是直接由液体中析出的，故在白口铸铁中呈粗大的条片状；二次渗碳体（次生相）是从奥氏体中析出的，往往呈网络状沿奥氏体晶界分布；三次渗碳体是从铁素体中析出的，通常呈不连续薄片状存在于铁素体晶界处，数量极微，可忽略不计。

(3) 珠光体（P）。珠光体是铁素体和渗碳体的机械混合物，在一般退火处理情况下是由铁素体与渗碳体相互混合交替排列形成的层片状组织。经硝酸酒精浸蚀后，在不同放大倍数的显微镜下可以看到不同特征的珠光体组织。在高倍放大时能清晰地看到珠光体中平行相间的宽条铁素体和细条渗碳体；当放大倍数较低时，由于显微镜的鉴别能力小于渗碳体片的厚度，这时，珠光体中的渗碳体就只能看到是一条黑线；当组织较细且放大倍数较低时，珠光体的片层就不能分辨，珠光体呈现黑色模糊状或块状。

(4) 变态莱氏体（L_d'）。变态莱氏体是在室温时珠光体及二次渗碳体和渗碳体所组成的机械混合物。含碳量为4.3%的共晶白口铸铁在1147℃时形成由奥氏体和渗碳体组成的共晶体，称为莱氏体（L_d）；其中，奥氏体在冷却时析出二次渗碳体，并在723℃以下分解为珠光体，此时称为变态莱氏体（L_d'）；其显微组织特征是在亮白色的基底（渗碳体）上相间地分布着暗黑色的斑点及细条状的珠光体。二次渗碳体和共晶渗碳体连在一起，从形态上难以区分。

B 碳钢和铸铁平衡组织

根据 Fe-Fe_3C 相图中含碳量的不同，铁碳合金的室温显微组织可分为工业纯铁、钢和白口铸铁三类。钢又可根据含碳量分为亚共析钢、共析钢、过共析钢；铸铁根据含碳量也可分为亚共晶白口铁、共晶白口铁、过共晶白口铁。按组织标注的 Fe-Fe_3C 相图如图1-9所示。

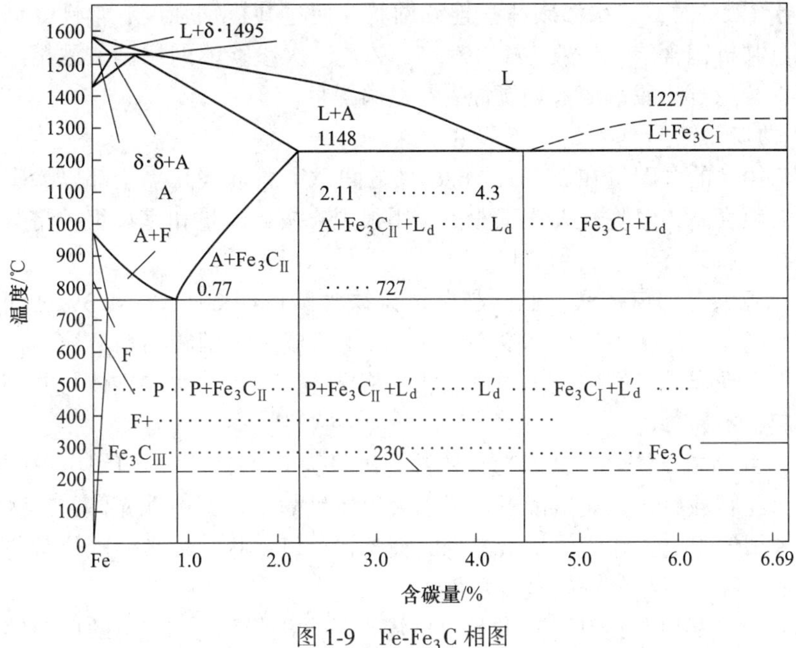

图 1-9 Fe-Fe_3C 相图

a 工业纯铁

工业纯铁是含碳量小于 0.0218%的铁碳合金，室温显微组织为铁素体和少量三次渗碳体，铁素体硬度在 80HB 左右，而渗碳体硬度高达 800HB，工业纯铁中的渗碳体量很少，故塑性、韧性好，而硬度、强度低，不能用作受力零件。

b 碳钢

碳钢是含碳量在 0.0218%~2.11%之间的铁碳合金，高温下为单相的奥氏体组织，塑性好，适应于锻造和轧制，广泛应用于工业上。根据含碳量和室温组织，可将其分为三类：亚共析钢、共析钢和过共析钢。

（1）亚共析钢。含碳量在 0.0218%~0.77%之间的铁碳合金，室温组织为铁素体和珠光体，随着含碳量的增加，铁素体的数量逐渐减少，而珠光体的数量则相应地增加，显微组织中铁素体呈白色，珠光体呈暗黑色或层片状。

（2）共析钢。含碳量为 0.77%，其显微组织由单一的珠光体组成，即铁素体和渗碳体的混合物，在光学显微镜下观察时，可看到层片状的特征，即渗碳体呈细黑线状和少量白色细条状分布在铁素体基体上，若放大倍数低，珠光体组织细密或腐蚀过深时，珠光体片层难于分辨，而呈现暗黑色区域。

（3）过共析钢。含碳量在 0.77%~2.11%之间，室温组织为珠光体和网状二次渗碳体，含碳量越高，渗碳体网愈多、愈完整。当含碳量小于 1.2%时，二次渗碳体呈不连续网状，过共析钢强度、硬度增加，塑性、韧性降低；当含碳量大于或等于1.2%时，二次渗碳体呈连续网状，使过共析钢强度、塑性、韧性显著降低，过共析钢含碳量一般为1.3%~1.4%，二次渗碳体网用硝酸酒精溶液腐蚀呈白色，若用苦味酸钠溶液热腐蚀后，呈暗黑色。

c　白口铸铁

白口铸铁的含碳量在2.11%~6.69%之间，室温下碳几乎全部以渗碳体形式存在，故硬度高，但脆性大，工业上应用很少。按含碳量和室温组织将其分为三类：亚共晶白口铸铁、共晶白口铸铁、过共晶白口铸铁。

（1）亚共晶白口铸铁。亚共晶白口铸铁含碳量在2.11%~4.3%之间，室温组织为珠光体、二次渗碳体和变态莱氏体Ld′组成。用硝酸酒精溶液腐蚀后，在显微镜下呈现枝晶状的珠光体和斑点状的莱氏体，其中二次渗碳体与共晶渗碳体混在一起，不易分辨。

（2）共晶白口铸铁。共晶白口铸铁含碳量为4.3%，室温组织由单一的莱氏体组成，经腐蚀后，在显微镜下，变态莱氏体呈豹皮状，由珠光体、二次渗碳体及共晶渗碳体组成，珠光体呈暗黑色的细条状及斑点状；二次渗碳体常与共晶渗碳体连成一片，不易分辨，呈亮白色。

（3）过共晶白口铸铁。过共晶白口铸铁是含碳量大于4.3%的白口铸铁，在室温下的组织由一次渗碳体和莱氏体组成，经硝酸酒精溶液腐蚀后，显示出斑点状的莱氏体基体上分布着亮白色粗大的片状的一次渗碳体。

d　灰口铸铁

Fe-C双重相图如图1-10所示，由铁碳双重相图可知，铸铁凝固时碳可以以

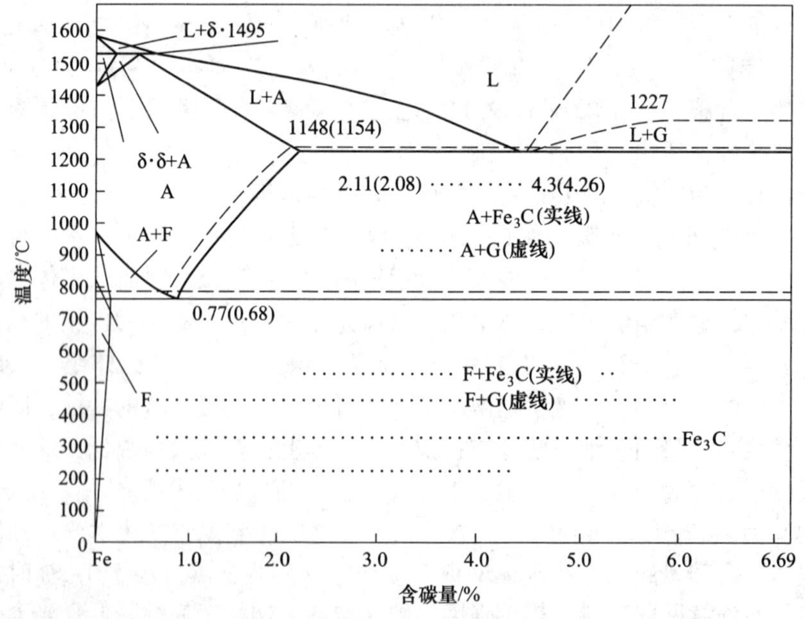

图1-10　Fe-C双重相图

两种形式存在，即以渗碳体的形式 Fe_3C 和石墨 G 的形式存在。碳大部分以渗碳体 Fe_3C 形式存在的，因其断口呈白色，而称白口铸铁。如前所述，白口铸铁硬而脆，很少用作零件。而碳大部分以石墨形式存在的，因其断口呈灰色，而称灰口铸铁。

工业生产中常采用调整铸铁成分，加入石墨化形成元素如 C、Si、P、Al、Cu 及球化剂，或进行石墨化退火等措施，生产各种灰口铸铁零件。虽然灰口铸铁的强度、塑性和韧性比钢差，但具有优于钢的减震性、耐磨性、铸造性和可切削性，且生产工艺和熔化设备简单，因而在工业上得到普遍应用。

灰口铸铁的显微组织可简单地看成是钢基体和石墨夹杂物共同构成。按石墨形态可将灰口铸铁分为灰铸铁、球墨铸铁和可锻铸铁三种。按基体的不同又可分为三类，即铁素体、珠光体、铁素体+珠光体。灰口铸铁具有优良的铸造性能、切削加工性能、耐磨性和减磨性，在工业上得到广泛的应用。

1.2.3 实验仪器及材料

实验仪器及材料分别为：

（1）实验仪器：DMM-200C 型金相显微镜（六台）、电吹风机。

（2）材料：各种铁碳合金的金相显微试样、酒精、脱脂棉。

1.2.4 实验内容及步骤

实验内容及步骤为：

（1）认真观察各种材料的显微组织，识别各显微组织的特征。

（2）在显微镜下选择各种材料的显微组织的典型区域，并根据组织特征，绘出其显微组织示意图。

（3）记录所观察的各种材料的牌号或名称、显微组织、放大倍数，并把显微组织示意图中组织组成物用箭头标出其名称。

1.2.5 实验数据处理

（1）画出下列组织示意图：

1）亚共析钢 20 钢、45 钢、60 钢中任选一个。

2）过共析钢 T12 退火、球化退火中任选一个。

3）白口铸铁：亚共晶、过共晶中任选一个。

（2）画图方法为：应画在 30~50mm 直径的圆内，在图下方注明材料名称、含碳量、腐蚀剂和放大倍数，并将组织组成物用细线引出标明。

1.2.6 思考题

（1）根据实验结果，结合所学知识，分析碳钢和铸铁成分、组织和性能之间的关系。

（2）分析碳钢或白口铸铁凝固过程。

1.3 钢的奥氏体晶粒度的显示与测定实验

1.3.1 实验目的

（1）熟悉钢奥氏体晶粒度的显示与测定的基本方法。学习利用物镜测微尺、标定目镜测微尺和毛玻璃投影屏刻度格值。通过它们之间的关系确定显微镜物镜和显微镜的线放大倍数。

（2）熟悉钢在加热时，加热温度和保温时间对奥氏体晶粒大小的影响。

（3）测定钢的实际晶粒度。用直接计算法和弦计算法测量晶粒大小。用比较法评定晶粒度级别。

1.3.2 实验原理

金属及合金的晶粒大小与金属材料的力学性能、工艺性能及物理性能有着密切的关系。细晶粒金属材料力学性能、工艺性能均比较好。它的冲击韧性和强度都较高，在热处理和淬火时不易变形和开裂。粗晶粒金属材料的力学性能和工艺性能都比较差，然而粗晶粒金属材料在某些特殊需要的情况下也被加以应用，如永磁合金铸件和燃气轮机叶片希望得到按一定方向生长的粗大柱状晶，以改善其磁性能和耐热性能。硅钢片也希望具有一定位向的粗晶，以便在某一方向获得高导磁率。金属材料的晶粒大小与浇铸工艺、冷热加工变形程度和退火温度等有关。

奥氏体晶粒按其形成条件不同，通常可分为起始晶粒、实际晶粒与本质晶粒三种，它们的大小分别称为起始晶粒度、实际晶粒度与本质晶粒度。

（1）起始晶粒度。在临界温度以上，奥氏体形成过程结束时的晶粒尺寸，称起始晶粒度。

（2）实际晶粒度。在热处理（或热加工）的某一具体加热条件下所得到的奥氏体晶粒的大小称为实际晶粒度。奥氏体转变结束后，若不立即冷却而在高温停留，或者继续升高加热温度，则奥氏体将长大。因为上述过程在热处理时是不可避免的，所以奥氏体开始冷却时的晶粒（实际晶粒度）总要比起始晶粒大。

（3）本质晶粒度。把钢材加热到超过临界点以上的某一特定温度，并保温一定时间（通常规定为930℃保温8h），奥氏体所具有晶粒的大小称为奥氏体本质晶粒度。选用930℃是因为对于一般钢材来讲，不论进行何种热处理，如淬火、退火、正火、渗碳等，加热温度都在930℃以下。如果在930℃保温8h后，奥氏体晶粒几乎不长大，则在热处理过程中就不会出现粗大的奥氏体晶粒。本质晶粒度即标志着在上述特定温度范围内，随着温度的升高，奥氏体晶粒的长大倾向：奥氏体晶粒显著长大的钢（得到奥氏体晶粒度为1~4级），定位本质粗晶粒钢；奥氏体晶粒长大不显著的钢（得到的奥氏体晶粒度为5~8级），定为本质细晶粒钢。必须指出，本质晶粒度只是反映了930℃以下奥氏体晶粒长大的倾向，超过930℃后，本质细晶粒钢的奥氏体实际晶粒度很有可能比本质粗晶粒钢的实际晶粒度还粗。

1.3.2.1 奥氏体晶粒度的显示方法

钢在临界温度以上直接测量奥氏体晶粒大小一般是比较困难的，而奥氏体在冷却过程又将发生相变。因此如何在室温下（即在冷却转变后）显示出奥氏体晶粒的大小，就是需要解决的问题。通常可用以下几种方法来显示钢的晶粒度。

A 渗碳法

渗碳法适用于测定渗碳钢的本质晶粒度，测试时试样需要经过特定规范的热处理，其过程为将表面无氧化脱碳的渗碳钢试样装入渗碳箱中密封并置入（930±10）℃的炉中，保温8h，然后随炉以50℃/h的速度缓慢冷却至600℃以下，再空冷或缓冷至室温。

处理后试样表层含碳量达到过共析成分，经磨制（标准规定至少磨去2mm深）、抛光和浸蚀（浸蚀剂可用4%硝酸酒精溶液或4%苦味酸酒精溶液）后，即可得到图1-11所示珠光体+网状渗碳体组织。

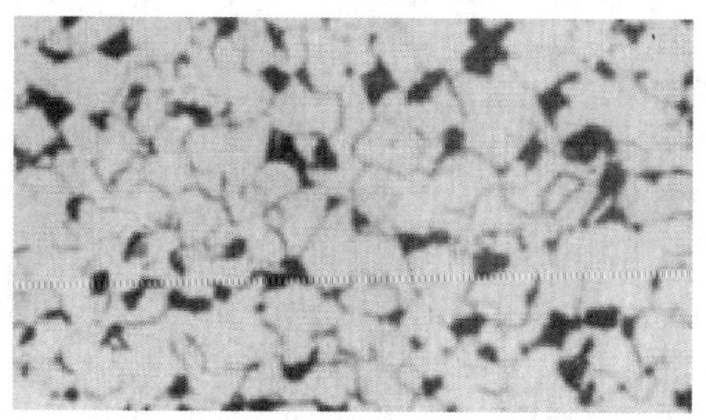

图1-11 经浸蚀后晶界上呈黑色的碳化物网

B 氧化法

氧化法适用于测定各种钢的本质晶粒度。

这种方法需要将试样进行如下处理：将磨光、抛光后的试样埋入生铁屑中并在（930±10）℃的炉中保温3h后取出，在空气中氧化瞬间（几秒钟），随之淬入水中，再用细砂纸磨光、抛光和腐蚀以显示晶粒度。

采用氧化法显示晶粒度时，经常因氧化过重或磨掉深度过浅使奥氏体晶内的嵌镶块边界也与晶间一同被氧化后并显示，同时试样也容易受奥氏体化前期低温氧化的影响，因此往往在试样表层遗留下细晶粒的假象。若加热时保护不当产生全脱碳区，也会出现假的大晶粒。因此，在氧化法操作规程中，应严防加热及保温过程中的氧化与脱碳。

C 网状铁素体法

网状铁素体法适用于测定亚共析钢的奥氏体晶粒。

将试样加热到（930±10）℃，保温3h后再根据钢种不同，选择适当的冷却方法（可直接水冷、油冷、空冷或等温冷却等），将试样冷却后，用硝酸酒精溶液腐蚀，以便显示出围绕在腐蚀变黑的组织（珠光体、贝氏体或马氏体）周围的网状铁素体，铁素体所环绕面积的尺寸即为原奥氏体晶粒的大小。

D 网状珠光体（屈氏体）法

网状珠光体法适用于淬透性不大的碳素钢及低合金钢。

将试样在（930±10）℃炉内加热，保温3h后，将试样一段淬入水中，冷却后在试样过渡带可清晰地看到围绕在马氏体周围的黑色屈氏体组织，它所环绕的面积，即为原奥氏体晶粒。试样热处理后，磨去脱碳层，抛光后用硝酸或苦味酸酒精溶液腐蚀。

E 直接腐蚀法

直接腐蚀法也称晶粒边界腐蚀法。此法适用于测定淬火时得到马氏体或贝氏体组织的钢的奥氏体晶粒度。

试样不经磨制即可进行热处理：将试样加热到（930±10）℃保温3h后水冷，然后磨去脱碳层制成金相试样，用含有洗涤剂的100g苦味酸饱和水溶液腐蚀。晶粒边界被腐蚀变黑即可用以测定奥氏体的晶粒度。

1.3.2.2 奥氏体晶粒度的测定

在经1.3.2.1节方法之一制备的金相试样上可进行奥氏体晶粒度的测定，常用的方法有比较法和弦计算法两种。弦计算法比较复杂，只有当测量准确度要求较高或晶粒为椭圆形时才使用此种方法，在此不详细介绍，仅重点介绍比较法。

在目前的生产中，一般采用比较法测定晶粒度。将制备好的试样在100倍显微镜下直接观察或投射在毛玻璃上，其视场直径为0.80mm。首先对试样作全面观察，然后选择其晶粒度具有代表性的视场与标准的1~8级级别评级图（×100）对比评定试样的奥氏体晶粒度，与标准级别图中哪一级晶粒大小相同，即定为试样的晶粒度号数。该法简便、快速。

试样上的晶粒经常是不均匀的，大晶粒或小晶粒如属个别现象可不予考虑，若不均匀现象较为普遍，则当计算不同大小晶粒在视场中所占百分比，如大多数晶粒度所占的面积不小于视场的 90%，则只定一个晶粒度号数来代表被测试样的晶粒度；否则试样的晶粒度应用两个或三个级别号数来表示，前一个数字代表占优势的晶粒度，例如试样上大多数是 6 级，少数是 4 级时，则写为 6~4 级。有些情况下，在 100 倍观察被测试样的晶粒大于 1 级或小于 8 级，为了准确评定其大小，可以在降低或增高放大倍率的条件下与标准级别图对照，再按表 1-2 的数据换算成 100 倍下的晶粒级别。例如某试样在 100 倍下观察晶粒比 1 级还大，即可在 50 倍下观察，与标准级别图对照是 2 级，查表 1-2 后得知晶粒度为 0 度。

表 1-2　不同放大倍数晶粒度换算表

放大 100 倍或其他倍数	晶粒度级别											
	−1	0	1	2	3	4	5	6	7	8	9	10
25	3	4	5	6	7	8	9	10	11	12	—	—
50	1	2	3	4	5	6	7	8	9	10	11	12
100	−1	0	1	2	3	4	5	6	7	8	9	10
200	—	−2	−1	0	1	2	3	4	5	6	7	8
300	—	—	−2	−1	0	1	2	3	4	5	6	7
400	—	—	—	−2	−1	0	1	2	3	4	5	6

如果显微镜的放大倍数不是 100 倍时，则可按照标准晶粒度级别（见表 1-3）测定其晶粒度，随后根据所选用的倍数按表 1-2 换算成 100 倍时的标准晶粒度级别，也可用式（1-1）换算：

$$N = N' + 6.6349(M/M_b) \tag{1-1}$$

表 1-3　晶粒度尺寸标准

晶粒度号	计算的晶粒平均直径/mm	弦的平均长度/mm	一个晶粒的平均面积/mm^2	在 $1mm^3$ 内晶粒的平均数量
−3	1.000	0.875	1	1
−2	0.713	0.650	0.5	2.8
−1	0.500	0.444	0.25	8
0	0.353	0.313	0.125	22.6
1	0.250	0.222	0.0625	64
2	0.177	0.157	0.0312	181
3	0.125	0.111	0.0156	512
4	0.088	0.0783	0.00781	1448

续表 1-3

晶粒度号	计算的晶粒平均直径/mm	弦的平均长度/mm	一个晶粒的平均面积/mm^2	在 1mm^3 内晶粒的平均数量
5	0. 062	0. 0553	0. 00390	4096
6	0. 044	0. 0391	0. 00195	11585
7	0. 030	0. 0267	0. 00098	32381
8	0. 022	0. 0196	0. 00049	92682
9	0. 0156	0. 0138	0. 00024	262144
10	0. 0110	0. 0098	0. 000122	741458

1. 3. 3 实验器材与药品

实验设备：金相显微镜、热处理炉、制样设备。

实验材料：T12 钢。

1. 3. 4 实验步骤

实验步骤为：

（1）本实验采用网状渗碳体法显示奥氏体晶粒，采用比较法评定奥氏体晶粒度。

（2）试样装炉前，根据加热温度编号、打号、并做好标记。

（3）将试样放入炉中，采用特定的温度（850℃、900℃、1000℃、1050℃）加热并保温 40min 后随炉冷却至 550℃以下出炉空冷。

（4）将上述处理的试样制备成金相试样。

（5）将制成的金相试样用相应的腐蚀剂将晶界腐蚀出来，然后在放大 100 倍的金相显微镜下观察各温度下奥氏体晶粒度显示清晰部分，与标准的评级图（×100）对比评定出奥氏体晶粒度。

（6）每位同学领一块试样，观察并测量，然后和其他同学试样及评定的结果比较，做好记录。

1. 3. 5 实验数据处理

（1）比较各温度下 T12 钢奥氏体晶粒度。

（2）画出各温度下奥氏体晶粒大小示意图。

（3）画出温度-晶粒度关系曲线，并对实验所得数据进行讨论和分析。

1. 3. 6 思考题

（1）说明奥氏体晶粒随温度升高而长大的原因。

(2) 如何控制奥氏体晶粒大小?

(3) 碳和合金元素对奥氏体晶粒大小有什么影响?

1.4 金属的塑性变形与再结晶实验

1.4.1 实验目的

(1) 利用显微镜观察变形孪晶与退火孪晶的特征。

(2) 了解金属经冷加工变形后显微组织及机械性能的变化。

(3) 讨论冷加工变形度对再结晶后晶粒大小的影响。

1.4.2 实验原理

1.4.2.1 显微镜下的滑移线与变形孪晶

金属受力超过弹性极限后，在金属中将产生塑性变形。金属单晶体变形机理指出，塑性变形的基本方式为滑移和孪晶两种。

A 滑移

所谓滑移，是晶体在切应力作用下借助于金属薄层沿滑移面相对移动（实质为位错沿滑移面运动）的结果。滑移后在滑移面两侧的晶体位向保持不变。

把抛光的纯铝试样拉伸，试样表面会有变形台阶出现，一组细小的台阶在显微镜下只能观察到一条黑线，称其为滑移带。变形后的显微组织是由许多滑移带（平行的黑线）组成。

在显微镜下能清楚地看到多晶体变形的特点：(1) 各晶粒内滑移带的方向不同（因晶粒方位各不相同）；(2) 各晶粒之间形变程度不均匀，有的晶粒内滑移带多（即变形量大），有的晶粒内滑移带少（即变形量小）；(3) 在同一晶粒内，晶粒中心与晶粒边界变形量也不相同，晶粒中心滑移带密，而边界滑移带稀，并可发现在一些变形量大的晶粒内，滑移沿几个系统进行，经常看见双滑移现象（在面心立方晶格情况下很容易发现），即两组平行的黑线在晶粒内部交错起来，将晶粒分成许多小块（此类样品制备困难，需要先将样品进行抛光，再进行拉伸，拉伸后立即直接在显微镜下观察；若此时再进行样品的磨光、抛光，滑移带将消失，观察不到。原因是：滑移带是位错滑移现象在金属表面造成的不平整台阶，不是材料内部晶体结构的变化，样品制备过程会造成滑移带的消失)。

B 孪晶

另一种变形的方式为孪晶。不易产生滑移的金属，如六方晶系的镉、镁、铍、锌等，或某些金属当其滑移发生困难的时候，在切应力的作用下将发生的另一形式的变形，即晶体的一部分以一定的晶面（孪晶面或双晶面）为对称面，与晶体的另一部分发生对称移动，这种变形方式称为孪晶或双晶。

孪晶的结果：孪晶面两侧晶体的位向发生变化，呈镜面对称。所以孪晶变形后，由于对光的反射能力不同，在显微镜下能看到较宽的变形痕迹——孪晶带或双晶带。在密排六方结构的锌中，由于其滑移系少，易以孪晶方式变形，在显微镜下看到变形孪晶呈发亮的竹叶状特征。（孪晶是材料内部晶体结构上的变化，样品制备过程不会造成孪晶的消失。）

对体心立方结构的α-Fe，在常温时变形以滑移方式进行，在0℃以下受冲击载荷时，则以孪晶方式变形；而面心立方结构大多以滑移方式变形。

1.4.2.2 变形程度对金属组织和性能的影响

若变形前金属为等轴晶粒，则经微量变形后晶粒内即有滑移带出现，经过较大的变形后即发现晶粒被拉长，变形程度越大，晶粒被拉得越长；当变形程度很大时，则加剧了晶粒沿一定方向伸长，晶粒内部被许多的滑移带分割成细小的小块，晶界与滑移带分辨不清，呈纤维状组织。（实验中观察的α-Fe、单相黄铜形变组织中看不到滑移带。）

由于变形的结果，滑移带附近晶粒破碎，产生较严重的晶格歪扭，造成临界切应力提高，使继续变形发生困难，即产生了所谓加工硬化现象。随变形程度的增加，金属的硬度、强度、矫顽力、电阻增加，而塑性和韧性下降。

1.4.2.3 形变金属在加热后组织和性能的影响

加工硬化后的金属，由于晶粒破碎、晶格歪扭、位错密度、空位和间隙原子等缺陷的增加，使其内能增加，金属处于不稳定状态，有力求恢复到稳定状态的趋势，加热则为之创造了条件，促进这一过程的进行。

变形后的金属在较低温度加热时，金属内部的应力部分消除，歪曲的晶格恢复正常但显微组织没有变化，原来拉长的晶粒仍然是伸长的。这个过程是靠原子在一个晶粒范围内的移动来实现的，称为恢复。这时金属可部分地恢复力学性能，而物理性能，如导电性，几乎全部恢复。

变形后金属加热到再结晶温度以上时，发生再结晶过程，显微组织发生显著变化。再结晶使金属中被拉长的晶粒消失，生成新的无内应力的等轴晶粒，力学性能完全恢复。

如变形60%的α-黄铜经270℃再结晶退火后，其组织是由许多细小的等轴晶粒及原来纤维状组织组成；温度继续升高，纤维状组织全部消失为等轴晶粒。此后温度再升高，就发生积聚再结晶；温度越高，晶粒越大。在α-单相黄铜组织内，经再结晶退火后能看到明显的退火孪晶，它是与基体颜色不同、边很直的小块。退火孪晶的产生是再结晶过程中，面心立方结构的新晶粒界面在推移过程中发生层错现象所致。

对于立方晶系的金属，当变形度达到70%~80%时，最低（开始）的再结晶温度与熔点有如下关系：

$$T_{再} = 0.4T_{熔化}(绝对温度) \tag{1-2}$$

金属中有杂质存在时，最低的再结晶温度显著变化。在大多数情况下，杂质均使再结晶温度升高。

为了消除加工硬化现象，通常退火温度要比其最低再结晶温度高出100~200℃。

变形金属经过再结晶后的晶粒度，不仅会影响其强度和塑性，而且还会显著影响动载下的冲击韧性值。

再结晶后晶粒的大小，不仅与再结晶退火的温度有关，而且与再结晶退火前的变形度有关。在同一再结晶退火温度下，晶粒度的大小与预先变形程度的关系，如图 1-12 所示。

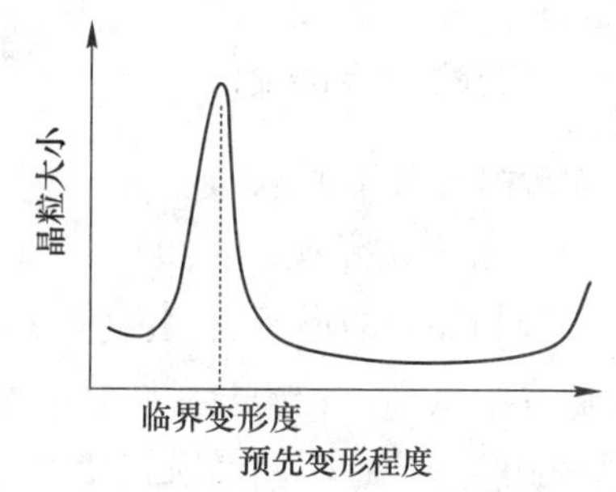

图 1-12　晶粒度大小与预变形程度关系

当变形度很小时，晶格歪扭程度很小，不足以引起再结晶，故晶粒大小不变；当变形度在2%~10%范围内时，金属中变形极不均匀，再结晶时形核数量很少，再结晶后晶粒度很不均匀，晶粒极易相互吞并长大，这样的变形度称“临界变形度”。大于临界变形度后，随着变形度的增加，变形越均匀，再结晶时的形核率越大，再结晶后的晶粒便越细。

在进行冷塑性变形时，应尽量避免在临界变形度下变形，而采用较大的变形度，以获得较细小的晶粒。临界变形度因金属的本性及纯度而异，铁为7%~15%，铝为2%~4%。

1.4.3　实验设备和材料

实验设备和材料有：

（1）金相显微镜；

（2）常温下，变形度为10%的锌变形孪晶试样；

（3）变形度为60%的α-黄铜，经过270℃、350℃、550℃、750℃退火30min的一组金相试样；

（4）变形度为0%、20%、40%、60%的工业纯铁金相试样一组；

（5）工业纯铁低温冲击试样；

（6）纯铝片不同变形度对再结晶晶粒大小影响组样。

1.4.4　实验内容和步骤

实验内容和步骤为：

（1）测定纯铝再结晶后晶粒大小与变形度的关系；

（2）测量、记录工业纯铁不同变形度（0%、20%、40%、60%）试样的硬度（HRB）；

（3）观察工业纯铁不同变形度（0%、20%、40%、60%）试样的显微组织；

（4）观察锌的变形孪晶、60%变形度的 α-黄铜的纤维组织；

（5）观察 α-黄铜经 60%形变后，不同再结晶温度对再结晶晶粒大小的影响及退火孪晶的特征。

1.4.5 实验过程和结果

实验过程如下所示。

（1）根据实际观察、图片（见图 1-13），简述单相多晶体材料在变形情况下，等轴晶晶粒的形貌变化：( )。

由本组试样，希望建立明确的感性认识：等轴晶粒在不断加大的变形度的条件下形貌的变化；不同晶粒在变形时参与形变的程度的差异。

（2）观察变形度为 60% 的 α-黄铜，经过 270℃、350℃、550℃、750℃退火 30min 的一组金相试样。根据观察、图片（见图 1-14），了解再结晶温度对再结晶晶粒大小的影响效果。

1）270℃退火与未退火时的区别在于：( )。

2）350℃退火与 550℃退火的区别在于：( )。

3）由 750℃退火组织，说明退火孪晶的特点是：( )。

（3）根据 Zn 孪晶样品观察、图片（见图 1-15），了解形变的另一种方式是：( )。Zn 出现孪晶现象的原因是：( )。

（4）工业纯铁在 0℃以下接受冲击（见图 1-16）时，会出现与常规条件下的不同形变方式：( )。

其孪晶形貌是：( )；与划痕如何区别：( )。

根据工业纯铁低温冲击样品与常规条件下变形样品的比较，同学们可以知道：同样的材料，在不同的变形条件下，变形的方式会( )。

（5）记录不同变形度的工业纯铁的硬度值（HRB）：( )。

（6）根据教师提供的样品组，建立纯铝片“变形度与再结晶后晶粒大小”的关系曲线，讨论变形度对纯铝片再结晶晶粒大小的影响。

（7）请记录下列组织的金相组织形貌：

工业纯铁的不同变形度的连续组织形貌；单相黄铜 60%形变 550℃或 750℃再结晶退火的组织；锌的形变孪晶、工业纯铁低温冲击孪晶形貌。

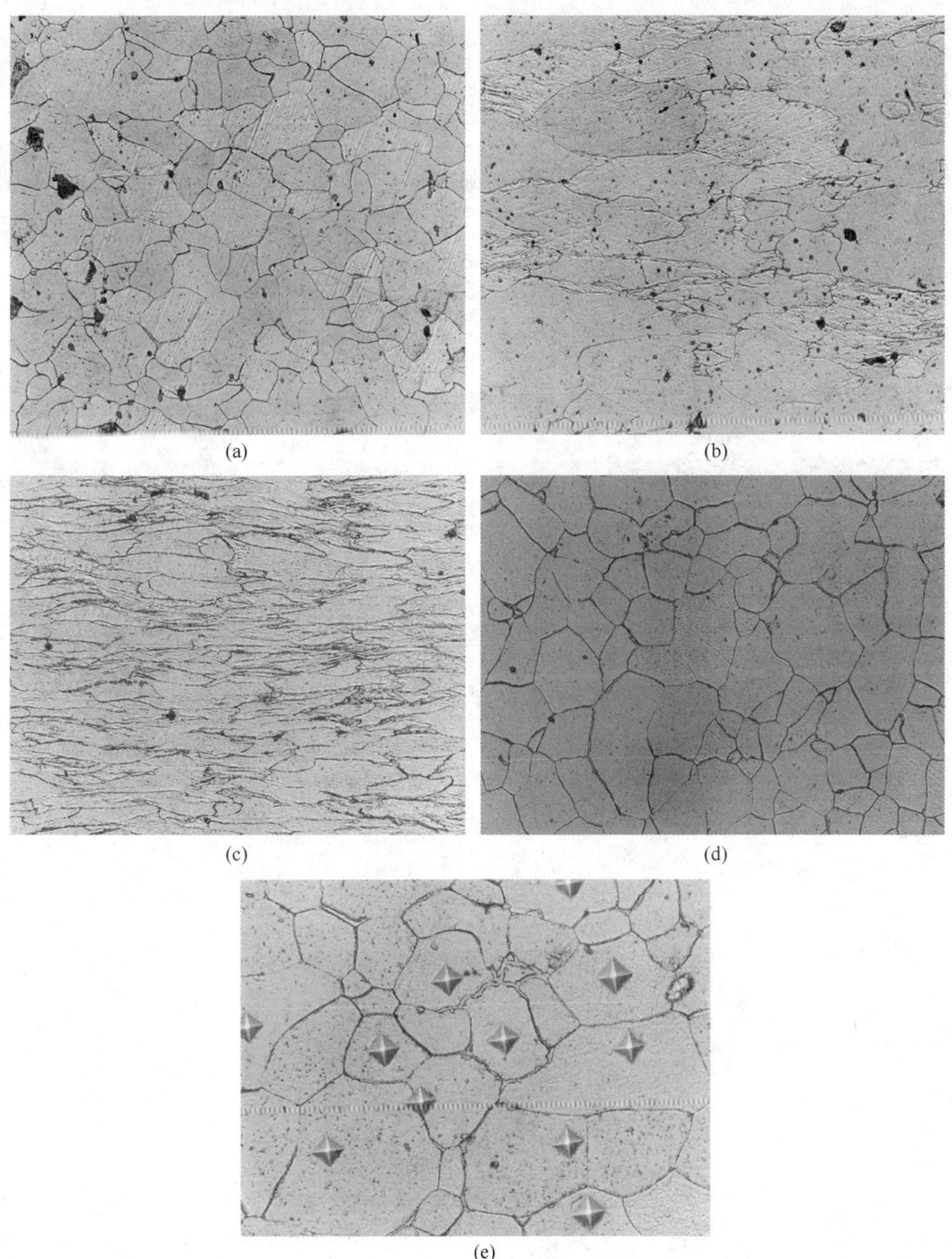

(a) (b) (c) (d) (e)

图 1-13 工业纯铁在不断加大变形度条件下的形貌变化

（a）工业纯铁 20%形变；（b）工业纯铁 40%形变；（c）工业纯铁 60%形变；
（d）工业纯铁 60%形变 750℃再结晶；（e）工业纯铁 20%形变后不同晶粒内部显微硬度测试

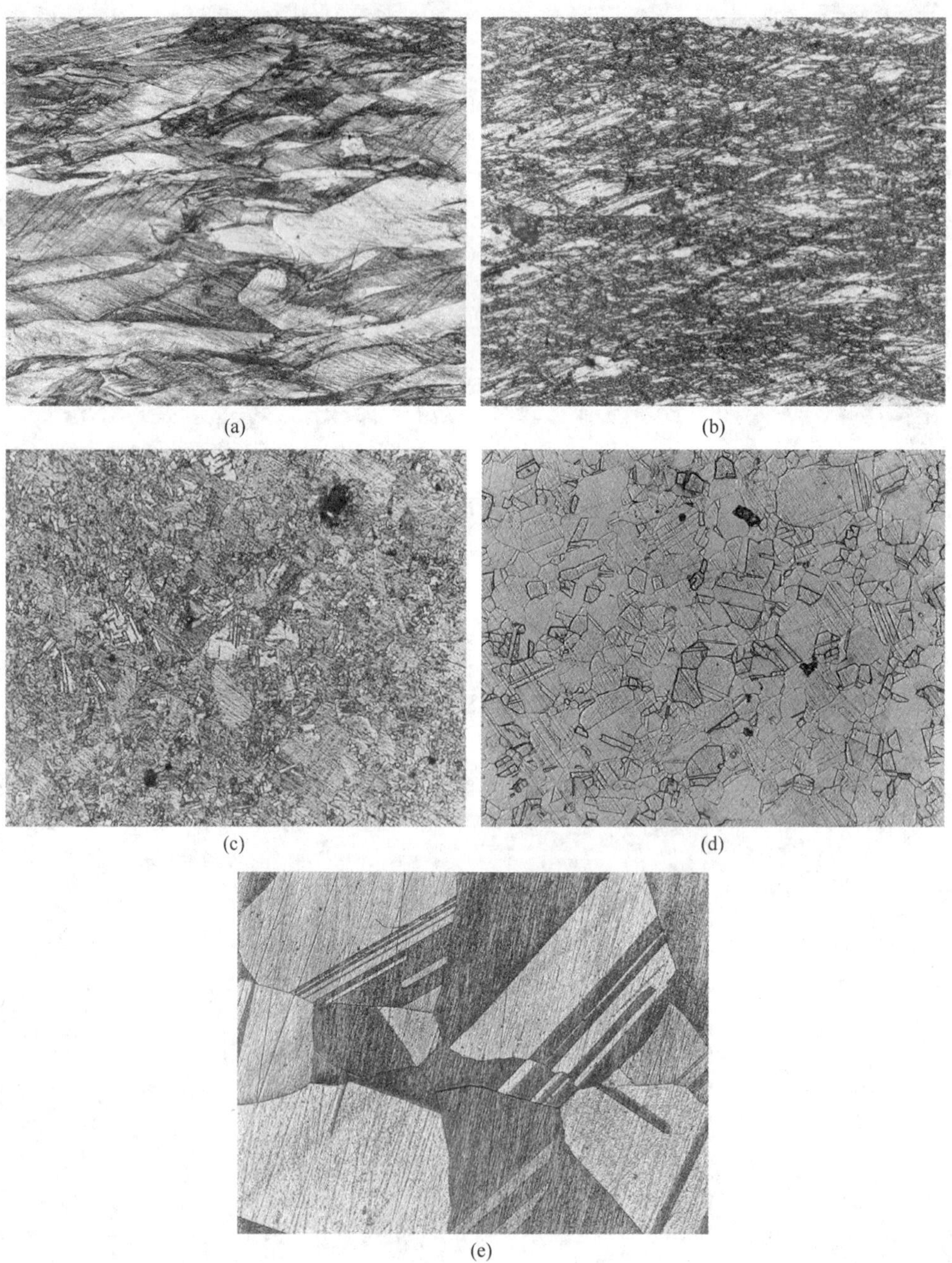

(a) (b) (c) (d) (e)

图 1-14 变形度为 60%的 α-黄铜的金相组织

（a）黄铜 60%形变；（b）黄铜 60%形变 270℃再结晶；（c）黄铜 60%形变 350℃再结晶；（d）黄铜 60%形变 550℃再结晶；（e）黄铜 60%形变 750℃再结晶

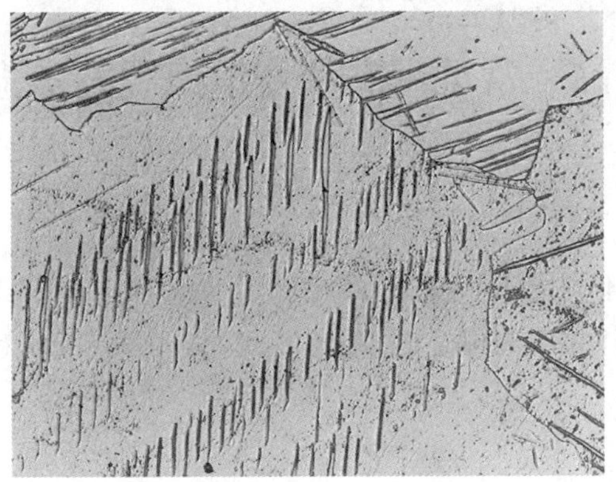

图 1-15　纯锌形变孪晶

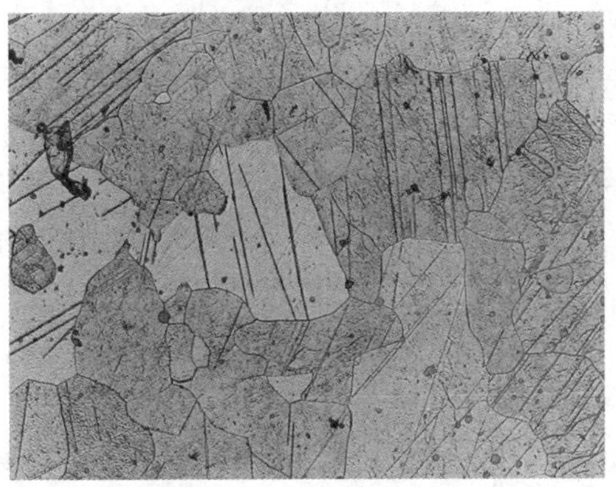

图 1-16　工业纯铁低温冲击

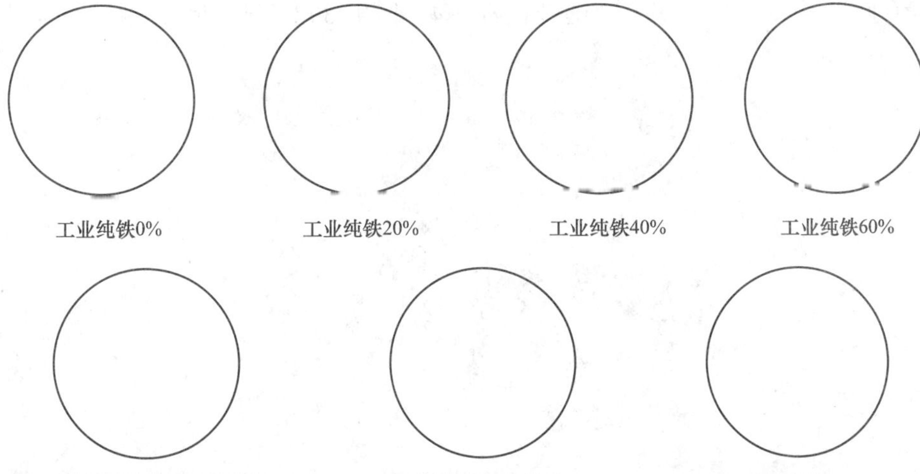

1.5 常见固态相变组织观察实验

1.5.1 实验目的

（1）正确识别不同固态相变产生的组织形貌。

（2）了解马氏体相变的可逆性。

1.5.2 实验原理

固态物质内部发生的组织结构变化称为固态相变。固态相变包括材料中相成分的变化、结构的变化和有序度的变化，固态相变是材料热处理的基础。热处理是利用材料在加热和冷却过程中发生的相变，改变内部的组织与结构，改善材料的性能，充分发挥材料的潜力。共析转变、贝氏体转变、马氏体转变的组织形貌可以在光学显微镜下获得。

到目前为止，钢仍然是应用最多的工程材料。为了使钢获得所需要的组织性能，充分发挥钢材的潜力，必须经过热处理。而大多数热处理工艺都要首先将钢加热到临界点温度以上形成奥氏体，然后再以一定的方式进行冷却。冷却的过程中，过冷奥氏体在不同的温度区间会发生不同的转变。对于共析钢，在 A_1~500℃区间发生珠光体转变（共析转变）；在 550℃~M_s 点区间发生贝氏体转变；在 M_s 点以下将发生马氏体转变。本实验以碳钢、低合金钢为例，介绍一些常见的固态相变的组织形貌。

珠光体是铁素体（F）和渗碳体（Fe_3C）的两相混合物。常见的珠光体形貌有两种：片状和粒状。图 1-17 是亚共析钢 45 钢的 830℃退火组织，由珠光体+先

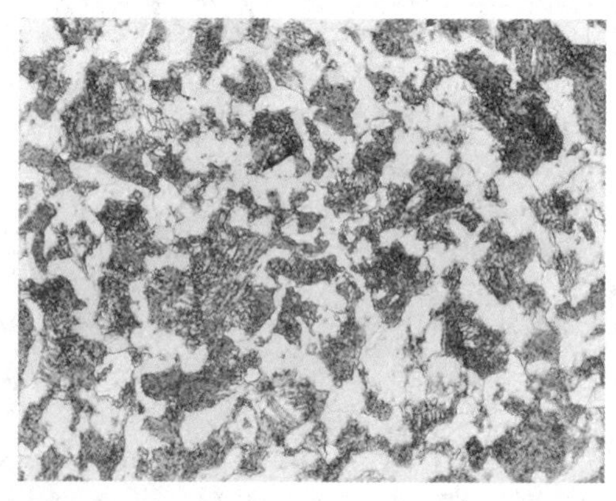

图 1-17 45 钢 830℃退火

共析铁素体组成，图中颜色暗黑的是珠光体区域。图 1-18 是 65 钢室温退火组织。图 1-19 是过共析钢 T12 的球化处理组织，由粒状珠光体+颗粒状二次渗碳体组成，可以对应比较图 1-20 T12 钢的室温退火组织，其是由层片状珠光体+网状二次渗碳体组成。

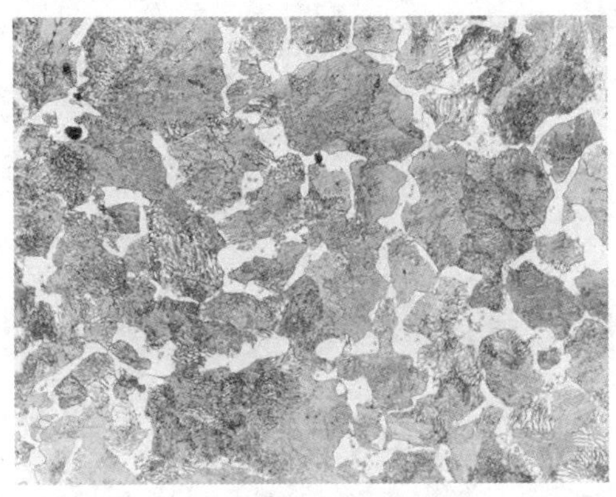

图 1-18　65 钢退火

图 1-19　T12 钢球化

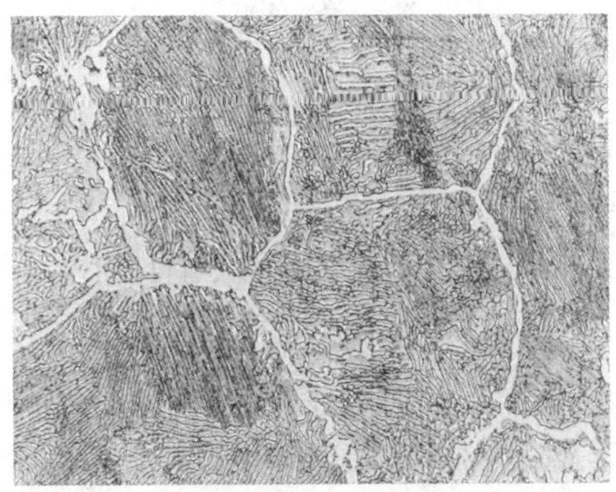

图 1-20　T12 钢退火

非共析钢过冷奥氏体转变时，由于存在先共析转变，根据实际条件的影响，在组织形态上会获得魏氏组织。图 1-21 和图 1-22 分别是 20Cr、45 钢的过热空冷后的室温组织，先共析铁素体呈现平行排列的“梳状”形貌，称为魏氏组织。图 1-23 是 T12 钢的过热空冷组织，退火态下呈现网状的二次渗碳体现在呈现细长针状，成一定角度交错分布。

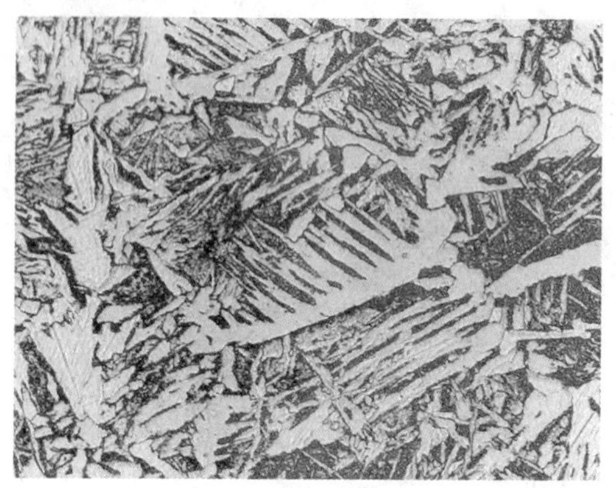

图 1-21 20Cr 钢 1100℃空冷

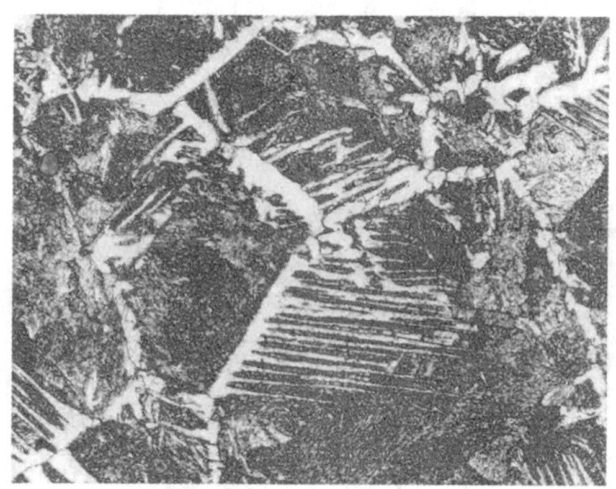

图 1-22 45 钢 1100℃空冷

图 1-23 T12 钢 970℃风冷

由于冷却条件的改变，一些转变被抑制。图 1-24 是 65 钢的空冷组织，其先共析铁素体几乎消失殆尽，基本上是珠光体组织组成。这是发生了伪共析转变的结果。此时的珠光体的成分已经不再是 0.77%C，而是低于 0.77%C。可以对比图 1-18 65 钢室温退火组织分析。实际上，在图 1-21 和图 1-23 中的珠光体，由于先共析组织的数量被抑制，伪共析转变的发生，其成分也低于 0.77%C。而图 1-22 中珠光体的情况恰好相反。

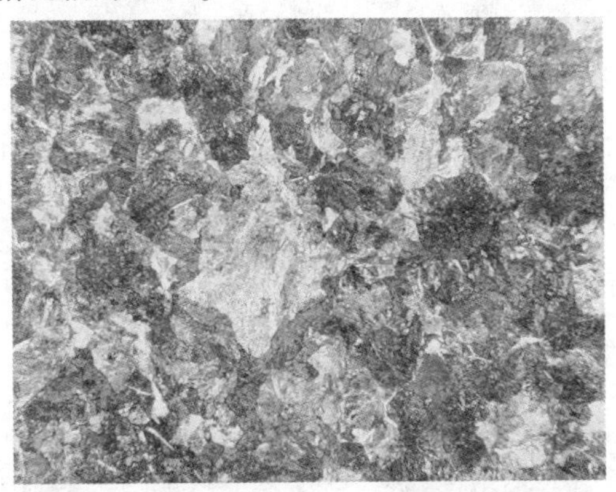

图 1-24　65 钢 860℃空冷（放置于铁板上）

贝氏体是由过饱和铁素体和渗碳体两相组成的混合物，钢中贝氏体组织最常见的基本形态是上贝氏体和下贝氏体。在光学显微镜下，上贝氏体呈羽毛状，对于共析钢其形成温度约在 550~350℃之间；下贝氏体呈黑针状，对于共析钢，其形成温度在 350~240℃之间。根据奥氏体的成分和转变温度的不同，还可以见到粒状贝氏体、无碳贝氏体、柱状贝氏体和反常贝氏体等形貌的贝氏体组织。图 1-25~图 1-28 以 65Mn 为例介绍下贝氏体、上贝氏体的形貌及出现转变的温度情况。图 1-29 表明，45 钢在进行淬火冷却过程中，当冷却速度不足时，在组织中也会出现上贝氏体组织形貌。

图 1-25　65Mn 840℃加热 300℃等温 400s

图 1-26 65Mn 840℃加热 350℃等温 160s

图 1-27 65Mn 840℃加热 400℃等温 25s

图 1-28 65Mn 840℃加热 500℃等温 14s

图 1-29 45 钢 830℃油淬

钢中马氏体的组织形态主要有两种类型，一种是板条状马氏体，一种是片状马氏体。板条状马氏体主要出现在低碳钢淬火的组织中，所以又称低碳马氏体，如图 1-30 所示。片状马氏体主要出现在高碳钢淬火组织中，又称高碳马氏体，如图 1-31 所示。典型的板条状马氏体是由许多成群的平行马氏体板条组成的。由于板条马氏体中有高密度的位错，所以板条马氏体又称为位错马氏体。片状马氏体的形貌呈针片状或竹叶状，故又称针状马氏体或竹叶状马氏体；其立体形态是凸透镜片状，所以又称透镜马氏体。在一个原奥氏体晶粒中，首先形成一片贯穿整个晶粒的马氏体片，以后形成的马氏体片尺寸受到了限制，越是后形成的马氏体片越小。马氏体片之间互不平行。粗片状马氏体中常能见到有明显的中脊，由于片状马氏体中存在孪晶亚结构，所以又称片状马氏体为孪晶马氏体。

图 1-30 20 钢 980℃盐水淬火

高碳钢淬火时，容易在马氏体组织中形成显微裂纹。这是由于马氏体的比体积大于奥氏体的比体积，并且含碳量越高差别越大；马氏体片形成的速度又很

图 1-31　T13 钢 1100℃水淬

快，在马氏体形成时，马氏体片互相撞击或冲击奥氏体晶界而引起相当大的应力造成显微裂纹。为了避免粗大马氏体的出现，要严格控制高碳钢的淬火加热温度，避免出现粗大的奥氏体组织。

对于某些可以随温度的升降而消长的马氏体称为热弹性马氏体。其基本理论、概念以课堂教师讲述为基础，结合课外阅读加深了解。其记忆效应通过实际样品的演示可以直观地了解。

多型性转变即同素异构转变的金相组织，这里用工业纯铁来说明。工业纯铁在 912℃以上时是面心立方结构，金相组织中可以见到含有孪晶结构的等轴晶粒，如图 1-32 所示；在 912℃发生同素异构转变，912℃以下后，组织为体心立方结构，等轴晶粒中见不到孪晶形貌，如图 1-33 所示。工业纯铁在转变前后没有成分变化，是所有相变中最简单的一种。

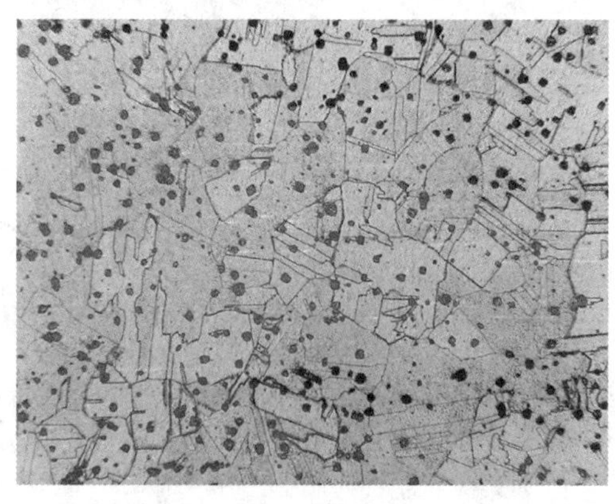

图 1-32　工业纯铁高温金相（970℃）

最后，需要说明的一点是：上述许多组织形貌中的部分晶粒粗大的显微组

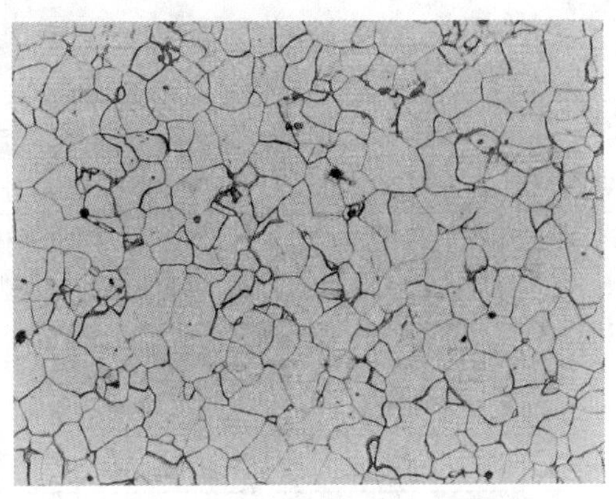

图 1-33 工业纯铁室温退火组织

织，仅仅是为了理论研究才会出现，在实际生产过程中属于疵病组织，应当采取相应的工艺技术避免出现。

1.5.3 实验材料和设备

实验材料和设备有：金相显微镜，相应的典型金相样品，记忆合金演示样品。

1.5.4 实验内容和步骤

实验内容和步骤为：

（1）观察马氏体、贝氏体的典型样品。使用显微镜观察表 1-4 中的样品。

表 1-4 样品及观察组织

序号	材料	热处理	组　织
1	65Mn	840℃加热 500℃等温 14s	马氏体+屈氏体（网状分布，黑色，条、块状）
2	65Mn	840℃加热 400℃等温 25s	马氏体+屈氏体+上贝氏体（黑色羽毛状）
3	65Mn	840℃加热 350℃等温 160s	马氏体+上贝氏体+下贝氏体（黑色针状）
4	65Mn	840℃加热 300℃等温 400s	马氏体+下贝氏体（黑色针状）
5	45 钢	840℃加热，油冷	马氏体+屈氏体+贝氏体
6	45 钢	退火处理	珠光体+铁素体
7	45 钢	风冷或放置于金属板上空冷	魏氏组织
8	20 钢	风冷或放置于金属板上空冷	魏氏组织
9	20Cr	（1100℃）过热淬火	板条马氏体
10	T12	（1100℃）过热淬火	片状马氏体+奥氏体（残余）

续表 1-4

序号	材料	热处理	组　织
11	65 钢	退火处理	珠光体+铁素体
12	65 钢	840℃加热，放置于铁板上空冷	珠光体+铁素体（网状分布，极少量）
13	T12 钢	970℃加热，出炉风冷	珠光体+二次渗碳体（针状交错分布）
14	T12 钢	退火处理	珠光体+二次渗碳体（网状分布）
15	T12 钢	球化处理	珠光体（粒状）+二次渗碳体（颗粒状）
16	工业纯铁	高温金相（970℃）	奥氏体晶粒（有孪晶）
17	工业纯铁	室温退火组织	铁素体晶粒

（2）观看形状记忆合金样品的记忆效应演示（根据情况增减部分）。

1.5.5 实验结果记录

记录、分析典型固态相变的组织形貌。

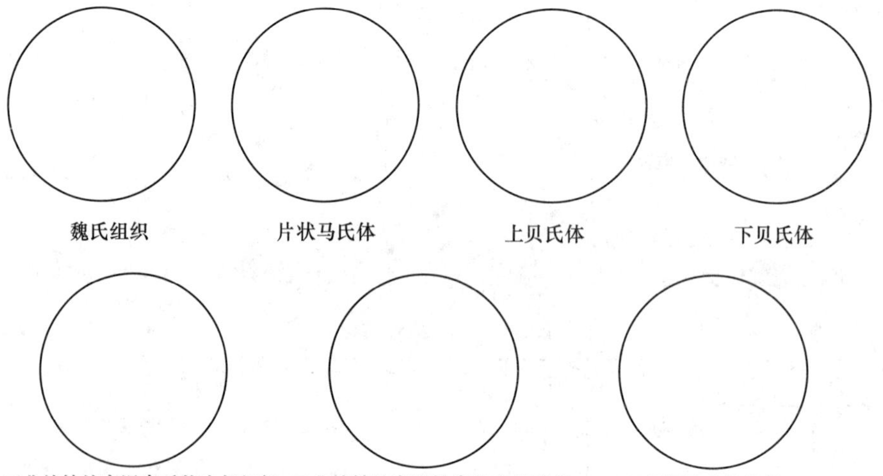

1.5.6 思考题

（1）下贝氏体和片状马氏体的光学形貌有什么特点？如何区分它们？

（2）结合课外阅读分析：什么成分的合金可能作为形状记忆合金？

（3）T8（共析钢）中会有魏氏组织出现吗？

（4）65 钢通过空冷可以获得几乎全部的珠光体组织，此时的珠光体成分是多少？退火状态下的珠光体中的铁素体约占 88.7%，那么，65 钢空冷获得的全部珠光体中的铁素体大约占多少比例？

1.6 金属材料维氏硬度测定实验

1.6.1 实验目的

(1) 掌握维氏显微硬度测量的原理。
(2) 掌握显微硬度仪的操作及测试方法。
(3) 能够通过维氏硬度测试经不同热处理下金属试样内部相组织的硬度。

1.6.2 实验原理

金属的硬度可以认为是金属材料表面在接触应力作用下抵抗塑性变形的一种能力。硬度测量能够给出金属材料软硬程度的数量概念。由于在金属表面以下不同深处材料所承受的应力和所发生的变形程度不同，因而硬度值可以综合地反映压痕附近局部体积内金属的弹性、微量塑性变形抗力、塑性变形强化能力以及大量变形抗力。硬度值越高，表明金属抵抗塑性变形的能力越大，材料产生塑性变形就越困难。

测量硬度的方法很多，在机械工业中广泛采用压入法来测定材料硬度，压入法硬度实验的主要特点是：实验时应力状态最软（即最大切应力远远大于最大正应力），因而不论是塑性材料还是脆性材料均能发生塑性变形；硬度值对材料的耐磨性、疲劳强度等性能也有一定的参考价值，通常硬度值高，这些性能也就好。当前硬度又分为布氏硬度、洛氏硬度、维氏硬度等。

1.6.2.1 维氏硬度计测量原理

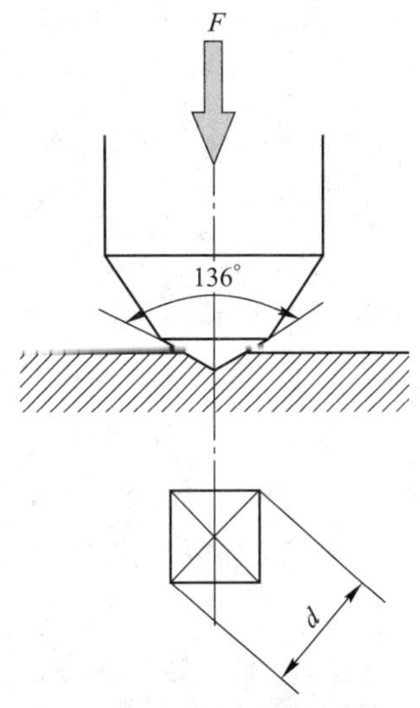

图 1-34 维氏金刚石棱锥压头和压痕示意图

维氏硬度试验方法是英国史密斯（R. L. Smith）和塞德兰德（C. E. Sandland）于 1925 年提出的。英国的维克斯-阿姆斯特朗（Vickers-Armstrong）公司试制了第一台以此方法进行试验的硬度计，因此该试验方法被称为维氏（Vickers）硬度试验方法，进行此种硬度试验的硬度计被称为维氏硬度计。维氏硬度试验采用金刚石正四棱锥压头。金刚石正四棱锥两对面的夹角为 136°，底面为正方形，如图 1-34所示。维氏硬度试验基本原理是将两相对面夹角为 136°（两相对棱夹角为 148°6′42″）的金刚石正四棱锥压头，在一定的试验力作用下压入试样表面，保持一定的时间后，卸除试验力，测量压痕对角线长度，以试验力除以压痕锥形表面积所得的商表示维氏硬度值。

1.6.2.2 维氏硬度的计算公式

当试验力的单位为 kgf 时，维氏硬度值可由公式（1-3）得出

$$HV = \frac{F}{S} = \frac{2F\sin(\theta/2)}{d^2} = 1.8544\frac{F}{d^2} \tag{1-3}$$

式中 HV——维氏硬度值，kgf/mm^2（1kgf=9.806665N）；

F——加载试验力，kgf；

S——压痕锥形表面积，mm^2；

d——压痕对角线长度，mm；

θ——压头二相对棱面的夹角，$\theta=136°$。

在显微硬度试验中，公式（1-3）还可以表示为：

$$HV = 1854.4P/d^2 \tag{1-4}$$

式中 HV——维氏硬度，gf/mm^2；

P——负荷，gf；

d——压痕对角线长度，μm。

当试验力的单位为 N 时，维氏硬度值可由公式（1-5）得出：

$$HV = 0.102\frac{F}{S} = 0.102\frac{2F\sin(\theta/2)}{d^2} = 0.1891\frac{F}{d^2} \tag{1-5}$$

式中 HV——维氏硬度，gf/mm^2；

F——加载试验力，N；

d——压痕对角线长度，μm。

1.6.2.3 维氏硬度值的表示

将 HV 作为维氏硬度值单位的表示符号。由于硬度值与试验条件相关，因此在 HV 后要标注主要的试验条件。HV 前的数字表示硬度值，HV 后第 1 个数字表示试验力（kgf），第 2 个数字表示不同于 10~15s 的保荷时间（10~15s 是标准试验力保荷时间）。例如，440HV10 表示：在 10kgf 试验力作用下保持 10~15s 测得的维氏硬度值为 440。440HV10/30 表示：在 10kgf 试验力作用下保持 30s 测得的维氏硬度值为 440。

1.6.2.4 维氏显微硬度计实验方法

维氏显微硬度计实验方法：

（1）插上电源，打开电源开关，这时在操作面板上可以修改数据。比如：保荷时间选择、灯光亮度选择、硬度标尺选择，按键以光标为准。

（2）转动手轮使试验力符合选择要求，手轮上的力值和屏幕上显示的一致。旋动手轮时，应小心缓慢地进行。在旋转到最大 5.0kgf（49N）时，转动位置已

经到底，不能继续朝前旋转，应反向转动；转到最小力值 0. 3kgf（2. 94N）时也应反向转动。

（3）10s 是最常用的试验力保持时间，也可根据需要按键 T+或 T-，每按一次变化 1s，“+”为加，“-”为减。

（4）如视场光源太暗或太亮，可按键 T+或 T-。

（5）将标准试块或试件放在试验台上，转动旋轮使试验台上升，当试件距压头下端 0. 5~0. 1mm 时，转动转盘把 20×物镜转到前方位置，此时光路系统总放大倍率为 200×，靠近目镜观察。在目镜的视场内出现明亮光斑，说明聚焦面即将到来，此时应缓慢微量上升试验台，直至目镜中观察到时试样表面清晰成像，这时聚焦过程完成。由于标准试块表面非常光洁，对初学者来说要寻找到试件表面是有点困难，但可以把试件翻过来（把粗糙面朝上），待寻找到试样表面后再翻回到测试面。

（6）如果想观察试件表面上较大的视场范围，可将 10×物镜转至前方位置，此时光路系统总放大倍率为 100×，处于观察状态（当测试不规则的试件时，操作时要小心、防止压头碰击试件而损坏压头）。

（7）将压头转至前方位置，要感觉到转盘已被定位，转动时应小心缓慢地进行，防止过快产生冲击，此时压头顶端与聚焦好的试样平面的距离为 0. 3~0. 45mm。

（8）按“启动键”，此时施加试验力（电机启动），同时面板指示灯亮，屏幕上出现 LOAD 表示加试力；DWELL 表示保持试验力，“10、9、8、…、0”，秒倒计时；UNLOAD 表示卸除试验力；当指示灯暗时发出鸣叫声，表示电机工作结束，屏幕上出现 d1：0 等待测量（电机在启动工作时（指示灯亮）切不可转动压头，否则会损坏仪器）。

（9）必须到指示灯暗时，才可将 20×物镜转至前方，这时就可在目镜中测量压痕对角线长度，如果压痕不太清楚，可缓慢上升或下降试台，使之清晰；如果目镜内的两刻线较模糊，可调节目镜上的眼罩，把两根刻线调到最清楚，这以每个人的视力而定。

（10）测量压痕对角线方法如下：

在测量压痕对角线时，先转动目镜左鼓轮，这时两刻线同时移动，先用左边刻线对准左边压痕的顶点；然后转动右鼓轮，使另一条刻线对准右边的顶点。图 1-35 为测试压痕对角线示意图，d 为压痕对角线长度，μm；n 为目镜右鼓轮的格数，1 圈 100 格或 1 圈 50 格；L 为右鼓轮每格最小分度值，对于 1 圈 100 格的每个格子最小分度值为 0. 5μm，对于 1 圈 50 格的每个格子最小分度值为 1μm。有 $d = n \times L$。

例 在 5. 0kgf 试验力下测量压痕的对角线长度；

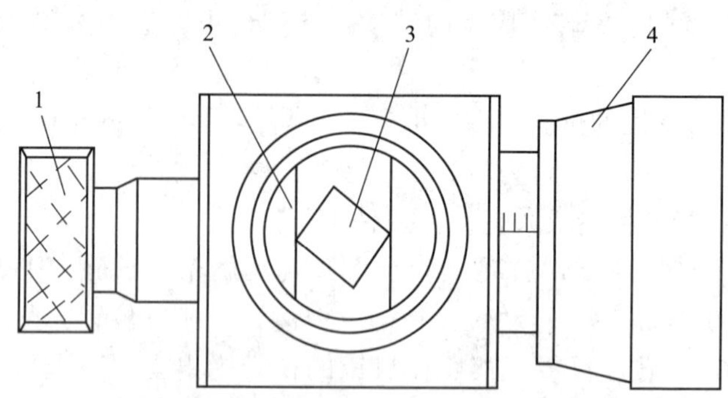

图 1-35　测试压痕对角线示意图

1—左边鼓轮；2—刻线；3—压痕；4—右边鼓轮

测得 n=282 格（141μm）（当每个格子最小分度值为 0.5μm）；

将 282 按数字键输入，在屏幕上出现 d1：282，再按确认键，屏幕上出现 d2：0；

将目镜转 90°测量另一条压痕的对角线：n=283 格；

将 283 按数字键输入，出现 d2：283，按确认键，就可在屏幕上出现维氏硬度值 464.5HV。如果要对压痕重新测量一次，则再按确认键，屏幕上又出现 d1：0,此时重新测量即可。如数字按错，则按清零键，再重新按数字键。

1.6.2.5　显微维氏硬度的测试要点

显微硬度测量的准确程度与金相样品的表面质量有关，需经过磨光、抛光、浸蚀，以显示欲评定的组织。

A　试样的表面状态

被评定试样的表面状态直接影响测试结果的可靠性。用机械方法制备的金相磨面，抛光时表层微量的范性变形，引起加工硬化，或者磨面表层形成氧化膜，因此所测得的显微硬度值较电解抛光磨面测得的显微硬度值高。试样最好采用电解抛光，经适度浸蚀后立即测定显微硬度。

B　选择正确的加载部位

压痕过分与晶界接近，或者延至晶界以外，那么测量结果会受到晶界或相邻第二相影响；如被测晶粒薄，压痕陷入下部晶粒，也将产生同样的影响。为了获得正确的显微硬度值，规定压痕位置距晶界至少一个压痕对角线长度，晶粒厚度至少 10 倍于压痕深度。为此，在选择测量对象时应取较大截面的晶粒，因为较小截面的晶粒其厚度有可能较薄。

C　测量压痕尺度时压痕像的调焦

在光学显微镜下所测得压痕对角线值与成像条件有关。孔径光栏减小，基体与压痕的衬度提高，压痕边缘渐趋清晰。一般认为：最佳的孔径光栏位置是使压痕的4个角变成黑暗，而4个棱边清晰。对同一组测量数据，为获得一致的成像条件，应使孔径光栏保持相同数值。

D 试验负荷

为保证测量的准确度，试验负荷在原则上应尽可能大，且压痕大小必须与晶粒大小成一定比例。特别在测定软基体上硬质点的硬度时，被测质点截面直径必须4倍于压痕对角线长，否则硬质点可能被压通，使基体性能影响测量数据。此外在测定脆性质点时，高负荷可能出现“压碎”现象。角上有裂纹的压痕表明负荷已超出材料的断裂强度，因而获得的硬度值是错误的，这时需调整负荷重新测量。

1.6.3 实验设备与材料

实验设备：HV-1000型显微维氏硬度计数台，吹风机。

实验材料：低碳钢试样，标准硬度块若干，不同碳含量钢件（20钢、45钢、T12钢），酒精，脱脂棉等。

1.6.4 实验内容

利用显微维氏硬度计测试不同碳含量的碳钢的硬度，并比较含碳量对碳钢硬度的影响。其测试实验步骤如下所示。

（1）试样准备：

1）每人领取20钢、45钢、T12钢各一块。

2）利用不同型号的砂纸（1000号和1500号）对钢铁试样进行从粗到细磨光至上面两个表面平整。注意保证上面表面不能有划伤，也不能磨倾斜，要保证上下表面平行。

3）将磨好的试样依次用自来水、去离子水冲洗干净，并吹干。

（2）硬度测试：

1）打开硬度计的电源，旋转试验力变换手轮，选择试验力。

2）旋转物镜转换罩壳，使得物镜位于主体正前方位置，并将试样放置在载物台上。

3）旋转手动调焦旋钮使得试验台上下移动，来调节焦距，直至试样表面清晰成像。如果在目镜观察到的像模糊，可转动手轮，直至像变得清晰为止。

4）移动目镜的刻度线，使两条刻度线重合并移动至视场中心位置，按面板ZERO键，这时主屏幕上的值为零。

5）再旋转物镜转换罩壳，使金刚石压头缓慢搬至试样正上方，并固定（很小咔嚓声）。

6）按面板启动START键，仪器开始自动加载、保载、卸载。

7）等卸载后，停留 5s，再旋转物镜转换罩壳，使物镜缓慢搬至试样正上方，并固定（在转换物镜时候不能用力过大，否则会使得试样发生移动找不到压痕）。

8）通过目镜观察压痕成像，测量对角线。

移动右手手轮使刻度线分开，移动目镜左侧鼓轮，使得左边的刻度线移动与压痕左边顶点相切，移动右边刻度线内侧与压痕右边顶点相切，按下 HARDNESS 测量按钮，测量 *D*1 对角线。旋转目镜转动 90°，再测量对角线 *D*2，再次按下测量按钮，主屏幕显示本次测量的硬度值，取平均值，注意测量 3 次。

1.6.5 数据处理

将 1.6.4 节测试硬度值填入表 1-5 中。

表 1-5 维氏硬度实验结果（正火态）

材料	20				45				T12			
压痕直径/μm	1	2	3	平均	1	2	3	平均	1	2	3	平均
				—				—				—
HV												

1.6.6 思考题

（1）显微硬度计测试金相硬度时，对试样有何要求。

（2）结合金相组织分析 20、45、T10 三种钢硬度不同的原因。

1.7 全浸试验法测量金属材料的均匀腐蚀实验

1.7.1 实验目的

（1）了解金属均匀腐蚀的原理。

（2）掌握金属均匀腐蚀的测试方法。

1.7.2 实验原理

金属的腐蚀类型有很多种，包括均匀腐蚀、点腐蚀、晶间腐蚀、缝隙腐蚀、应力腐蚀等。本实验利用全浸法对金属材料的均匀腐蚀情况进行测试。

均匀腐蚀又称全面腐蚀，是指在整个合金材料的表面上以比较均匀的方式所发生的腐蚀现象，其形貌特征是发生在全面腐蚀时，材料的厚度逐渐变薄，甚至腐蚀穿透。

全面腐蚀是机械设备在实际使用过程中发生失效的基本形式。全面腐蚀代表材料总的质量损失。这种腐蚀可以通过简单的浸泡实验或查阅腐蚀方面的文献资料或凭生产经验加以预测，便于估计设备的寿命。均匀腐蚀实验最常用的是质量法，即将试样置于实验介质中，经过一定时间测量其质量变化，求出腐蚀速率。采用的标准为《金属材料实验室均匀腐蚀全浸试验方法》（GB/T 10124—1998），本实验依照该标准撰写。

1.7.3 实验药品与器材

实验药品与器材：海水，工业废水，盐酸，蒸馏水，玻璃或塑料容器，分析天平（0.1mg），游标卡尺。

1.7.4 实验步骤

实验步骤：

（1）试样的选择：试样的形状和尺寸应随被测试材料的原始条件及所使用的实验容器而定。尽量选择单位质量表面积大，侧面与总面积之比值小的试样。一般情况下，与轧制或锻造方向垂直的面积不得大于试样总面积的一半。每个试样的表面积不应小于 $10cm^2$。

（2）试样的制备：在板材或带材上取样时，应沿轧制方向切取。取样后，用砂纸研磨或用其他机械方法去掉原始金属表面层。最后使用符合《固结磨具用磨料　粒度组成的检测和标记　第 2 部分：微粉》（GB/T 2481.2—2009）规定的 120 号粒度的水砂纸进行研磨，在同一张砂纸上只能磨同一种材料的试样。在试样的制备过程中，棱角予以保留，如需钻孔，则孔径不应大于 4mm。

（3）试样经过研磨后，再用水、氧化镁粉糊等充分去油并洗涤，然后用丙酮、酒精等不含氯离子的试剂脱脂洗净，迅速干燥后储存于干燥容器内，放置到室温后测量面积并称重。计算试样的表面积，精确到 1%。称重的精度在 0.1mg。称重和测量均需戴干净的工作手套。

（4）溶液配置：试验溶液的来源和成分视实验目的而定，一般有天然和人工的两种。海水、工业废水及生产过程中的介质归入自然介质，在使用时需要测定其成分。在配置人工试验溶液时，使用蒸馏水或者去离子水与盐酸进行混合，浓度可设置为 0.01mol/L。

（5）取适量溶液置于已充分洗涤过的实验容器中。实验溶液的用量确定标准为：每平方厘米试样表面积不少于 20mL 溶液。由于腐蚀速度受温度的影响较大，溶液的温度应严格按照实验条件设定，温度的控制精度不超过设定温度上下一度。如无特殊要求，可在室温条件下进行，在报告中注明实验期间实际温度的上下限和平均温度值。

（6）将试样全部浸入溶液中，也可将试样置于容器中再倒入溶液。溶液需要出气或者充气时，试样必须在通气至少0.5h后再放入溶液中去。每组至少取3个平行试样。试样应尽量放置在溶液中间位置，不允许与容器壁接触。一般情况下每一个容器内只能放置一个试样，如需放两个以上试样时，试样间距要在1cm以上。

（7）试样的实验时间：实验时间是指试样进入溶液并达到规定的温度开始，直到试样取出时为止的整个过程所经历的时长。实验时间的确定要依据腐蚀速率的大小以及实验材料在实验溶液中能否形成钝化膜。一般情况下，长时间实验的结果较为准确，但发生严重腐蚀的材料则不需要很长的实验时间。对能形成钝化膜的材料，在边缘条件下，需要延长实验时间，从而得到较为实际的结果。最常用的实验周期是48~168h。具体的时间选择可参阅表1-6。

表1-6 溶液更换与时间关系表

估算或预测的腐蚀速率 $/mm \cdot a^{-1}$	实验时间/h	更换溶液与否
>1.0	24~72	不更换
1.0~0.1	72~168	不更换
0.1~0.01	168~336	约7天更换1次
<0.01	336~720	约7天更换1次

注：预测试验时间为24h，溶液量为$20mL/cm^2$。

实验期间如需更换溶液时，操作要迅速，试样不处理，从放入试样到达规定温度开始累计计算实验时间。

（8）实验过程中尽可能使溶液温度达到规定温度，并使用保温装置使溶液温度保持一致；沸腾实验时应使溶液保持微沸腾状态。为防止暴沸，可以加入适量的助沸物，如小玻璃球，陶瓷碎屑或聚四氟乙烯等。

（9）实验期间应经常观察试样和溶液的变化情况，并做记录。

（10）到达规定时间后，取出试样。先用水冲洗，然后用毛刷、橡皮器具等擦去腐蚀产物，可用超声波等方法辅助进行清除。清洗后用水、氧化镁粉等充分去油并洗涤，然后用丙酮、酒精等不含氯离子的试剂脱脂洗净，迅速干燥后贮于干燥器内，放置到室温后，再进行测量面积和称重。

1.7.5 实验结果计算

对试样腐蚀速率的计算按照公式（1-6）进行：

$$R = 8.86 \times 10^7 \times (M - M_1)/STD \tag{1-6}$$

式中 R——腐蚀速率，mm/a；

M——实验前试样的质量，g；
M_1——实验后试样的质量，g；
S——试样的总面积，cm^2；
T——实验时间，h；
D——材料的密度，kg/m^3。

1.7.6 思考题

影响材料腐蚀速率的因素有哪些?

1.8 不锈钢三氯化铁点腐蚀实验

1.8.1 实验目的

（1）了解金属点腐蚀的原理。
（2）掌握金属点腐蚀的测试方法。

1.8.2 实验原理

金属的腐蚀类型有很多种，包括均匀腐蚀、点腐蚀、晶间腐蚀、缝隙腐蚀、应力腐蚀等。本实验主要针对金属材料的点腐蚀情况进行测试。

点腐蚀的概念：钝化型金属之所以能抗腐蚀是由于其表面能形成一层具有保护性的钝化膜。然而，一旦这层钝化膜遭到破坏，而又缺乏自钝化的条件或能力，金属就会发生腐蚀。如果腐蚀仅仅集中在设备的某些特定区域，并在这些点域形成向深处发展的腐蚀小坑，而金属的大部分表面仍保持钝性的腐蚀现象，称为点腐蚀。

点腐蚀的实验方法主要有电化学法和化学浸泡法。电化学法主要是测量试样的不锈钢击穿电压，标准为《不锈钢点蚀电位测量方法》（GB/T 17899—1999）。化学浸泡法主要是采用三氯化铁溶液进行点腐蚀化学加速实验，标准为《不锈钢三氯化铁点腐蚀试验方法》（GB/T 17899—1999）。本实验参考该标准编写。

1.8.3 实验药品与器材

实验药品与器材分别为：纯盐酸，蒸馏水，三氯化铁，烧杯，恒温水浴槽。

1.8.4 实验步骤

实验步骤：

（1）实验的准备：用铁锯从实验材料上切取试样，应使与轧制或锻造方向垂直的断面面积占试样总面积的 1/2 以下，试样总的表面积在 10cm^{2}以上。为了减少试样面积和试样端面的腐蚀对实验结果的影响，取样方向和方法应保持一致，并尽可能使用尺寸相同或接近的薄试样。

（2）用切削或者研磨方法去除试样表面的氧化皮附着物；用粒度符合《固结磨具用磨料　粒度组成的检测和标记　第 1 部分：粗磨粒 $F_4 \sim F_{220}$》（GB/T 2481. 1—1998）规定的纱布或者砂纸进行研磨。研磨时要避免发热，然后用粒度为 W20 的水砂纸进行湿磨。

（3）用游标卡尺测量试样的尺寸，计算试样的总面积以及实验的有效面积。

（4）将试样表面清洗后，用丙酮或无水乙醇除油，然后存放于干燥箱内。

（5）干燥后对试样进行称重，精确到 1mg。

（6）溶液配置：用纯盐酸和蒸馏水或去离子水配置成 0. 05mol/L（即稀释约 245 倍）的盐酸溶液，把符合 HG/T 3-1085 规定的分析纯三氯化铁（$FeCl_3 \cdot 6H_2O$）100g 溶于 900mL 0. 05mol/L 的盐酸溶液中，配置成 6%的三氯化铁溶液。

（7）将配置的浓度为 6%的三氯化铁溶液倒入实验容器内，每平方厘米试样表面积所需实验溶液量应在 20mL 以上。将实验容器放入恒温槽中，加热到规定温度（35℃或 50℃，或另行规定）。

（8）实验溶液达到规定温度后，把试样放到溶液中的支架上，连续进行 24h 的浸泡，也可根据材料的不同，另行规定浸泡时间。实验过程中，在实验容器上盖上表面皿以防止溶液蒸发。

（9）在一个实验容器中，原则上放置一个试样。对同一钢种，同一热处理制度的试样，如能满足其他实验条件，允许在同一容器中放入两片或更多试样，但试样之间不能相互接触。

（10）每次实验结束后，取出试样，按照《金属和合金的腐蚀　腐蚀试样上腐蚀产物的清除》（GB/T 16545—2015）规定的方法清除试样上的腐蚀产物，清洗干净，干燥后称重。

（11）每次实验后更换新的实验溶液。

1. 8. 5　数据处理

对于点蚀严重、均匀腐蚀不明显的材料，实验材料的耐点蚀性可用腐蚀率，即单位面积、单位时间的失重表示，单位为 g/(m^2 · h)。腐蚀率按照公式（1-7）计算：

$$\text{腐蚀率} = (W_{\text{前}} - W_{\text{后}})/S \cdot t \tag{1-7}$$

式中 $W_{\text{前}}$——试样实验前的质量，g；

$W_{\text{后}}$——试样实验后的质量，g；

S——试样总面积，m^2；

t——实验时间，h。

计算结果精确到小数点后第二位。

实验报告的撰写应详细记录实验过程、试样名称及尺寸，实验前试样的表面状况，实验时间和湿度，计算试样的失重，实验后试样的表面形貌，记录最大孔深或者10个最深孔的平均值，以mm为单位。

1.8.6 思考题

哪些因素是影响点蚀速率的关键？

1.9 盐雾腐蚀实验

1.9.1 实验目的

（1）了解盐雾腐蚀的基本原理以及盐雾腐蚀箱的结构与使用方法。

（2）掌握盐雾气氛中金属腐蚀的实验方法。

1.9.2 实验原理

盐雾腐蚀实验是评价金属材料的耐蚀性以及涂层对基体金属保护程度的加速实验方法。该方法已经广泛用于确定各种保护涂层的厚度均匀性和孔隙度，作为评定批量产品或筛选涂层的实验方法。近年来，某些循环酸性盐雾实验已被用来检验铝合金的剥落腐蚀敏感性。盐雾实验亦被认为是模拟海洋大气对不同金属（有保护涂层或无保护涂层）最有用的加速腐蚀的实验方法。盐雾实验一般包括：中性盐雾（NSS）实验，醋酸盐雾腐蚀（ASS）实验以及铜加速的醋酸盐雾（CASS）实验。中性盐雾实验是最常用的加速腐蚀实验方法。

（1）中性盐雾实验：中性盐雾实验适用于对金属和电镀层的质量控制。有孔隙的镀层可作极短的盐雾喷雾，以免由于腐蚀而产生新的孔隙。一般中性盐雾实验条件为：5%（质量比）NaCl，95%（质量比）蒸馏水，喷雾溶液的pH值为6.5～7.2，雾化压缩空气的压力为0.7～1.8kg/cm^2，喷雾箱的温度为(35±1)℃，盐雾的降落速度为1.6~2.5mL/(h·dm^2)。

（2）醋酸盐雾实验：为了缩短实验时间，盐溶液中加入醋酸即为醋酸盐雾实验。它适用于无机及有机镀层和涂层（黑色及有色金属）。醋酸盐雾实验条件一般为：5%（质量比）NaCl，95%（质量比）蒸馏水，冰醋酸（CH_3COOH）按雾液的pH值加溶液pH值为3.1~3.3（25℃），溶液容器的温度为54~57℃，喷雾箱的温度为（35±1)℃，雾化压缩空气压力为0.7~1.8kg/cm^2，盐雾降落速度为0.7~2.0mL/(h·dm^2)。

（3）铜加速的醋酸盐雾实验：适用于工作条件相当苛刻的钢铁表面的装饰

镀层铜/镍/铬或镍/铬及锌压铸件等快速检验，也适用于阳极氧化的铝。方法的可靠性、重视性和准确性依赖于对试样的清洗、实验箱内试样的位置、实验箱内的凝聚速度等因素的严格控制。根据金属表面工业国际标准，醋酸盐雾实验条件一般设定为：5%（质量比）NaCl，95%（质量比）蒸馏水，$CuCl_2 \cdot 2H_2O$ 的浓度为 0.246g/L，冰醋酸（用来调整 pH 值），喷雾液的 pH 值为 3.1～3.3（25℃），喷雾箱的温度为（50±1）℃，雾化压缩空气压力 0.9～1.8kg/cm^2，盐雾降落速度为 1.0～2.0mL/(h·dm^2)。

（4）盐雾腐蚀的基本原理实际就是失重或者增重实验的原理，只不过是做成一定形状和大小的金属试样处于一定浓度的盐雾中，金属试样经过一定的时间加速腐蚀后，取出并测量其质量和尺寸的变化，计算其腐蚀速度。对于失重法可由式（1-8）计算腐蚀速度：

$$V_{失} = (m_0 - m_1)/St \tag{1-8}$$

式中 $V_{失}$——金属的腐蚀速度，g/(m^2·h)；

m_0——试样腐蚀前的质量，g；

m_1——试样腐蚀后的质量，g；

S——试样的面积，m^2；

t——试样腐蚀时间，h。

对于增重法，即当金属表面的腐蚀产物全部附着在上面，或者腐蚀产物脱落下可以全部收集起来时，可以用式（1-9）计算腐蚀速度：

$$V_{增} = (m_2 - m_0)/St \tag{1-9}$$

式中 $V_{增}$——金属的腐蚀速度，g/(m^2·h)；

m_0——试样腐蚀前的质量，g；

m_2——带有腐蚀产物的试样质量，g；

S——试样的面积，m^2；

t——试样腐蚀时间，h。

对于密度相同的金属，可以用上述方法比较耐蚀性能。对于密度不同的金属，尽管单位表面积的质量变化相同，其腐蚀深度却不一样，对此，用腐蚀深度表示腐蚀速度更合适。其换算公式见式（1-10）：

$$V_{深} = 8.76 \times V_{失}/\rho \tag{1-10}$$

式中 $V_{深}$——用腐蚀深度表示的腐蚀速度，mm/h；

ρ——金属的密度，g/cm^3；

$V_{失}$——腐蚀的失重指标，g/(m^2·h)。

试样放入盐雾箱时，应使受检验的主要表面与垂直方向成 15°～30°角。试样间的距离应使盐雾能自由沉降在所有试样上，且试样表面的盐水溶液不应滴在任何其他试样上。试样彼此互不接触，也不得和其他金属或吸水的材料接触。

1.9.3　实验设备及材料

盐雾腐蚀实验箱：主要由箱体、气源系统、盐水补给系统、喷雾装置及电控系统组成，其盐雾采用气流喷雾方式生成，并由气流导向帽引导盐雾降落方向，从而在工作室内形成一个雾状均匀、降落自然的盐雾实验环境。盐雾腐蚀实验箱具有连续喷雾和定时间隙喷雾两种工作方式可供用户选择。试验箱工作室内配有不同直径的试棒及带角度的实验槽，可放置不同形状的试件。

实验设备及材料还有：铝试片，金相试样抛光机，精密 pH 试纸，万分之一分析天平，盐酸，氯化钠，氢氧化钾，游标卡尺，电吹风。

1.9.4　实验步骤

实验步骤为：

(1) 试液的制备：将氯化钠溶于蒸馏水中，并调节 pH 值为 6.5~7.2。

(2) 实验前，彻底清洗试片并去除污垢，对于不需要喷雾的地方应用油漆、石蜡、环氧树脂等加以保护。

(3) 在光学分析天平上称重，用游标卡尺测量试样的长、宽、高。

(4) 合上盐雾腐蚀箱的电源开关，指示面板上电压应为 380V。将电源和报警开关合上，电源和报警指示灯亮，铃响，约 30s 以后，报警指示灯停，铃停。

(5) 合上启动按钮，打开鼓风机开关，鼓风机开始工作，再将调温冷却，加热 1、加热 2 开关合上。

(6) 工作温度的控制（实验中所需的温度为 35℃）：用磁钢把报警电接点水银温度计（上限）温度控制在 35.5℃，把调温冷却（下限、上限）两只电接点水银温度计先调到某一温度值（与控制点温度差 3~5℃）。

(7) 试样用尼龙丝挂在玻璃和仪器上的试样架上，放入箱内，注意试样不能相互接触，而且不得与其他任何金属或能引起干扰的物质接触，放的位置应使所有试样能喷上盐雾，试样表面的盐水不能滴在其他试样上。

(8) 开始喷雾，其方式为连续，时间由试样的腐蚀程度而定，喷雾结束之后，按开始开关的反顺序开关，并取出试样。

(9) 观察和记录试样腐蚀情况，清除腐蚀产物，干燥后再称重。

1.9.5　实验数据及记录

(1) 将实验数据填入表格 1-7 中，并算出铝试样在盐雾条件的腐蚀速率。

(2) 比较腐蚀前后铝试片表面状态的变化。

表 1-7 实验数据记录表

序号	试样尺寸/mm			表面积/mm^2	喷雾成分及pH值	试样质量/g		质量损失/g	腐蚀速率/$g \cdot (m^2 \cdot h)^{-1}$
	长	宽	高			腐蚀前/m_0	除掉腐蚀产物后/m_1		

此外，还需要记录喷雾方式、喷雾温度、放入箱的时间、取出箱的时间、试样材质和试样密度。

1.10 铝合金的阳极氧化与着色设计性实验

1.10.1 实验目的

（1）加深理解铝及其合金的阳极氧化和着色原理。

（2）了解阳极氧化膜的结构特点。

（3）掌握铝阳极氧化膜的着色与封闭处理工艺工艺方法

1.10.2 实验原理

阳极氧化原理：阳极氧化是指在适当的电解液中，以金属作为阳极，在外加电流的作用下使表面生成氧化膜的方法。阳极氧化膜的厚度达几十到数百微米。铝及其合金在大气中会自然形成非晶态的氧化铝膜，厚度为 4~5μm，这层膜不致密，耐腐蚀性差。人工形成阳极氧化膜是在一定的电解池中进行的。它是将铝制件作为阳极，其他材料（如铅、铝等）作为阴极，置于电解液中，通上直流电，这时可以观察到在阳极和阴极上都有气体析出：阳极析出氧气，阴极析出氢气。阳极上析出的氧大部分与铝制件作用生成了 Al_2O_3 氧化膜。

铝是两性金属，铝表面氧化膜的生成既与电位有关，也与溶液的 pH 值有关。铝和铝金属在碱性和酸性两种电解液中都能进行阳极氧化，最常用的是酸性电解液。工业上采用的电解液一般是中等溶解能力的酸性溶液，如硫酸、铬酸、磷酸、草酸等。

铝及铝合金进行阳极氧化时，由于电解质是强酸性的，阳极电位较高，因此，阳极反应首先是水的电解，产生原子态［O］，氧原子立即对铝发生氧化反应生成氧化铝，即形成薄而致密的阳极氧化膜。阳极发生的反应如下：

$$2H_2O - 2e \longrightarrow [O] + 2H^+ \uparrow$$

$$2Al + 3[O] \longrightarrow Al_2O_3$$

阴极只起导电作用和发生析氢反应，在阴极发生的反应如下：

$$2H^2 + 2e \longrightarrow H_2 \uparrow$$

同时，酸对铝和生成的氧化膜进行化学溶解，其反应如下：

$$2Al + 6H^+ \longrightarrow 2Al^{3+} + 3H_2 \uparrow$$

$$Al_2O_3 + 6H^+ \longrightarrow 2Al^{3+} + 3H_2O$$

可见，氧化膜的生长与溶解同时进行，只是在氧化的不同阶段两者的速度不同，当膜的生长速度与溶解速度相等时，膜的厚度达到最大值。在硫酸电解液中的阳极氧化，作为阳极的铝制品，在阳极氧化初始的短暂时间内，其表面受到均匀氧化，生成极薄而又非常致密的膜，由于硫酸溶液的作用，膜的最弱点（如晶界、杂质密集点、晶格缺陷或结构变形处）发生局部溶解，而出现大量孔隙，即原生氧化中心，使基体金属能与进入孔隙的电解液接触，电流也因此得以继续传导，新生成的氧离子则用来氧化新的金属，并以孔底为中心而展开，最后汇合，在旧膜与金属之间形成一层新膜，使得局部溶解的旧膜如同得到“修补”。

氧化膜厚度可按公式（1-11）测定和计算：

$$\delta = \frac{10(m_1 - m_2)}{\rho A} \tag{1-11}$$

式中 δ——膜的厚度，cm；

m_1——成膜后铝片的质量，mg；

m_2——退膜后铝片的质量，mg；

ρ——氧化膜的密度，g/cm^3，为 $2.7g/cm^3$；

A——膜表面积，cm^2。

测定方法：（1）将铝片置于分析天平上称重；（2）将铝片浸于 363.2~373.2K 的溶膜液（磷酸和 CrO_3）中煮 10min；（3）取出铝片用水冲洗，浸入无水乙醇中，再取出晾干；（4）用天平称出铝片质量；（5）计算膜厚 δ 值。

1.10.2.1 阳极氧化膜的多孔特性与着色原理

铝及铝合金的阳极氧化膜呈蜂窝状结构，其微孔垂直于膜基界面，一般而言，孔长度为孔径的 1000 倍以上。由于氧化膜为多孔结构，其比表面积大，具有很高的化学活性，因此氧化膜具有很好的吸附性。利用这一特点，在阳极氧化膜表面可进行各种着色处理，可以提高产品的装饰性和耐蚀性，同时也可以赋予铝制品表面各种功能性。

金属着色是采用化学或电化学方式赋予金属表面不同的颜色并保持金属光泽的工艺。阳极氧化膜着色方法大体有三种类型：吸附着色法（浸渍着色法）、电解着色法和自然显色法。浸渍着色法的原理主要是氧化膜对色素体的物理吸附和化学吸附。无机盐浸渍着色主要是物理吸附作用，即无机颜料分子吸附于膜层微孔的表面，进行填充；有机染料的着色通常认为既有物理吸附，也包括有机染料官能团与氧化铝发生的络合反应。形成染色氧化膜必须具有的基本条件：（1）有一定的孔隙率和吸附性；（2）有适当的厚度；（3）氧化膜本身是无色透明的；（4）晶体结构上无重大差别。电解着色是把经阳极氧化的铝及其合金放入含有金属盐的电解液中进行电解，通过电化学反应，使进入氧化膜微孔中的重金属离子还原成金属原子，沉积于孔底无孔层而着色。

1.10.2.2 封闭原理

氧化膜的表面是多孔的，这些孔隙可吸附染料，同时也可吸附结晶水。由于吸附性强，如不及时处理，也可能吸附杂质而被污染，所以要及时进行填充处理，从而提高多孔膜的强度和性能。封闭处理的方法有很多，如沸水法、水蒸气法、浸渍金属盐法和水解封闭法等。

沸水法是将铝片放入沸水中煮，其原理是利用无水 Al_2O_3 发生水化作用：

$$Al_2O_3 + H_2O \longrightarrow Al_2O_3 \cdot H_2O$$

$$Al_2O_3 + 3H_2O \longrightarrow Al_2O_3 \cdot 3H_2O$$

氧化膜表面和孔壁的水化结果，使氧化物体积增大，将孔隙封闭。沸水封闭时，水的 pH 值应控制在 4.5~6.5，pH 值太高会造成“碱蚀”。煮沸用去离子水，时间一般为 10min，煮沸后取出，放入无水乙醇中数秒后再晾干。

水蒸气法的封闭原理与沸水法相同，它是在封闭的容器中，通入水蒸气，使 Al_2O_3 发生水化作用形成水合氧化铝（$Al_2O_3 \cdot nH_2O$）而封闭。

重铬酸盐封闭法是在较高的温度下将试样放入具有强氧化性的重铬酸盐溶液中，使氧化膜与重铬酸盐发生化学反应，反应产物为碱式铬酸铝和重铬酸铝，沉淀于膜孔中，同时热溶液使氧化膜表面产生水合作用，加强了封闭作用。因此，可认为是填充和水合的双重作用。重铬酸盐发生的化学反应如下：

$$2Al_2O_3 + 3K_2Cr_2O_7 + 5H_2O = 2AlOHCrO_4 + 2AlOHCr_2O_7 + 6KOH$$

通常使用的封闭溶液为 50~70g/L 的重铬酸钾水溶液，温度为 90~95℃，封闭时间为 15~25min。

水解封闭法是用镍盐、钴盐或二者的混合水溶液作为介质进行阳极氧化膜的封闭处理。封闭过程既包括水合作用，同时还包括镍盐或钴盐在膜孔内生成氢氧化物沉积的水解反应。水解反应如下：

$$Ni^{2+} + 2H_2O = 2H^+ + Ni(OH)_2$$

$$Co^{2+} + 2H_2O = 2H^+ + Co(OH)_2$$

1.10.3　实验仪器、设备与材料

实验仪器、设备与材料如下：

（1）实验仪器、设备：直流稳定电源、电子天平、温度计、显微硬度计、金相显微镜。

（2）基底材料与电极材料：铝片、铅电极。

（3）辅助器材：导线、鳄鱼夹、镊子、万用电表、电炉、电吹风、剪刀、烧杯、胶头滴管、砂纸、电解槽（烧杯）、量筒、烧杯、滴管、pH 试纸。

（4）化学试剂：NaOH、$Na_4P_2O_7$、$CuSO_4$、Na_2HPO_3、NH_4NO_3、Na_2CO_3、Na_3PO_4、Na_2SiO_3、$K_2Cr_2O_7$、肉桂酸、硫酸、翠绿着色液、溶膜液等。

1.10.4　实验内容与步骤

每位同学自主设计一种纯铝或铝合金阳极氧化与着色实验方案。要求阳极氧化膜在基底上覆盖均匀且不脱落，厚度在 10μm 以上；经着色后，氧化膜颜色发生明显改变。实验内容及步骤如下：

（1）阳极氧化与着色实验方案设计。设计报告经实验指导教师批阅、认可后方可进行后续操作，对于不可行、不完善或实验条件不具备，无法实现的实验方案，须在实验指导老师的指导下完成修改和完善。

（2）铝片的前处理，包括打磨、出油和清洗。拍照记录试样表面色泽。

（3）氧化处理。将铅电极挂在阴极，铝片挂在阳极，浸入阳极氧化液（如 15%的 H_2SO_4）中，调节电压为 15V 左右，使电流密度保持在 15~20mA · cm^3，氧化 40min。取出试样用清水冲洗，干燥。拍照记录试样表面色泽。

（4）着色处理。将氧化处理好的试样放入有机染料或者无机染料中，着色 10min 后，用清水冲洗表面并干燥，拍照记录着色后的试样表面色泽。

（5）膜厚测定。按照前述实验原理部分的方法测定膜厚，并代入式（1-11）计算膜厚，记录结果。

1.10.5　思考题

（1）常见的铝合金阳极氧化工艺有哪些类型？各自有何特点？

（2）影响阳极氧化膜层质量的因素有哪些？如何控制？

1.11　金属二元相图的绘制实验

1.11.1　实验目的

本实验通过将金属加热熔融然后自然冷却，记录冷却温度随时间的变化规

律，找到不同组分的相变温度点，做出二元金属的简单相图，通过该过程主要掌握以下技能和知识点：

（1）学会用热分析法测绘 Sn-Bi 二组分金属相图。

（2）了解纯物质和混合物步冷曲线的形状有何不同，其相变点的温度应如何确定。

（3）了解热电偶测量温度和进行热电偶校正的方法。

1.11.2 实验原理

绘制金属相图常用的实验方法是热分析法，其原理是将一种金属或者合金熔融后，使之均匀冷却，每隔一定的时间记录一次温度。这样记录的表示温度随时间关系曲线叫做步冷曲线。单相融化物开始降温时，由于无相变发生，体系的温度随时间变化较大，冷却较快。当体系内有一种固相析出时，就会放出热量，因此，降温速度就会变得缓慢，步冷曲线就会出现转折，即步冷曲线的拐点，拐点所对应的温度，就是该组成合金的相变温度。此时体系的自由度不为零，温度会继续下降，继续降温至某一值时，另一种固体析出，此时体系出现三相，步冷曲线出现水平线段，成为平台，此时由于自由度为零，因此温度不再改变。尽管此时温度不变，但是液相和固相的相对量却不断改变，液相量越来越少。当液相全部凝固成固相时，体系自由度又不为零，温度又开始下降。

本实验测定锡、铋二组分体系相图。该二组分体系液相完全互溶，固相部分互溶，无化合物生成，体系有一个低共熔点。这类体系的相图绘制方法如图 1-36 和图 1-37 所示。若图 1-36 中的步冷曲线为图 1-37 中混合体系的步冷曲线，利用步冷曲线所得到的一系列组成样品的拐点温度和平台温度，以横轴表示混合物的组成，纵轴上标出开始出现相变的温度，把纯金属熔点、各组成样品的拐点连接起来，把各二组分样品的平台温度连接成一条水平线段，并利用一些给定的数据，就可绘出相图。

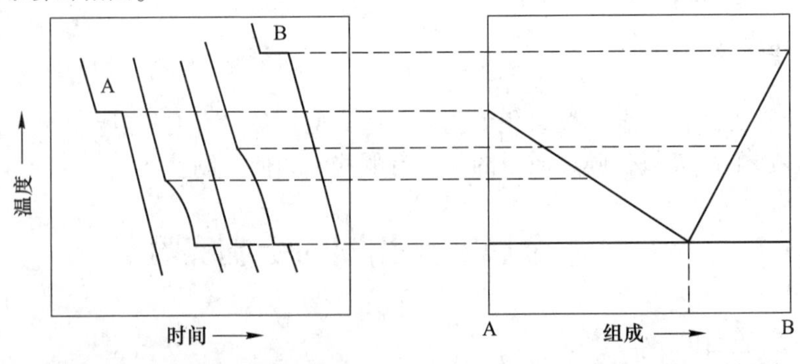

图 1-36 不同组分 AB 合金的步冷曲线示意图　　图 1-37 AB 合金的二元相图

用热分析法测绘相图时，被测体系必须时时处于或接近相平衡状态，因此必须保证冷却速度足够慢才能得到较好的结果，但是太慢会使实验时间加长。如果冷却速度过快，不容易得到拐点。因此在冷却过程中，一个新的固相出现以前，常常发生过冷现象，轻微过冷则有利于测量相变温度；但严重过冷现象，却会使折点发生起伏，使相变温度的确定产生困难。遇此情况，可延长拐点前后两线相交，交点即拐点。

绘制步冷曲线时，一般使用热电偶测定温度。热电偶使用一段时间后，由于氧化或变形，必然会产生误差，一般都需要进行校正。热电偶常用纯物质的冰点、凝固点、沸点等进行标定。测定数点后，做出热电偶的温差电势对温度的关系曲线，此即为所使用的热电偶的工作曲线，实际测温时，在测得热电偶的温差电势后，就可以应用热电偶工作曲线通过内插法求出被测物体的温度。

1.11.3 实验仪器与药品

实验仪器与药品：锡、铋、硬质试管、加热炉。

1.11.4 实验步骤

实验步骤为：

（1）配制不同质量分数的锡铋混合物各100g，分别装在6个硬质试管中。再加入少许石蜡油，以防止金属在加热过程中接触空气而氧化。

（2）按金相装置依次测定并绘制含锡质量分数为100%、80%、60%、40%、20%、0%样品的步冷曲线。测量方法如下：将配置好的样品依次插入样品管中，打开电炉开关进行加热，设置加热温度为330℃，保温10min，使金属充分熔化。然后关掉电炉，使样品冷却。在加热过程中，加热温度速度不宜过快，以防石蜡油碳化和被测金属氧化。待金属充分熔化后即需切断电源。

（3）调节冷风量，使样品的降温速度保持在6~8K/min之间，然后每隔60s依次记录6个样品的温度，直至温度降到室温左右为止。或者可以明显观察到平台出现，再记录5个数据即可。

（4）绘制步冷曲线，找到各个相的相变温度点，根据组分和相变温度点绘制二元相图。

1.11.5 思考题

（1）对于不同成分的混合物的步冷曲线有什么不同？

（2）用加热曲线是否可以做图？

1.12 H13 钢材料摩擦与磨损实验

1.12.1 实验目的

（1）了解摩擦磨损实验机的基本工作原理，掌握 MMS-2 型摩擦磨损实验机的参数设置和操作方法，能够进行摩擦磨损实验并正确分析实验结果。

（2）熟悉实验机的结构组成、各部分的作用，能够在教师指导下进行实验操作，掌握实验数据的处理方法。

（3）将实验参数和测试数据记录在表格中，在实验报告中对各种实验状态下的磨损量和摩擦系数进行分析和讨论。

1.12.2 实验原理

XP-6 型数控高温摩擦磨损实验机可在滑动摩擦、滚动摩擦、滚滑复合摩擦等多种状态下进行金属的耐磨性能实验，并可模拟材料在干摩擦、湿摩擦、磨料磨损等不同工况下摩擦磨损实验。该机器采用计算机控制系统，可实力显示实验力、摩擦力矩、摩擦系数、实验时间等参数，并可记录实验过程中摩擦系数-时间曲线。

1.12.3 实验器材与样品

实验器材与样品有：

XP-6 型数控高温摩擦磨损实验机，铝块，正火或者淬火态 45 钢试样，润滑剂。

1.12.4 实验步骤

实验步骤为：

（1）将滑动齿轮向右移动至中间位置并用螺钉紧固，用销子将齿轮固定在摇摆头上。

（2）调整螺钉，使弹簧芯杆在试样接触时离开弹簧芯杆座上平面 2~3mm。

（3）向下扳动摇摆头，调整螺母使上、下试样相距约 1~2mm，将实验力示值调整为 0。

（4）确定实验速度，开车，将摩擦力矩示值调为 0。

（5）施加实验力，进行实验。

1.12.5 实验结果与数据处理

实验结果记录于表 1-8 中。

表 1-8 摩擦系数的变化（H13 钢）

载荷/N · mm^{-2}	100	100	100	75	75	75
转速/r · min^{-1}	100	200	300	100	200	300
序号	摩擦系数					
1						
2						
3						
4						
5						
6						
7						
8						
9						
10						
平均数						

1.12.6 思考题

（1）材料的摩擦系数与哪些因素有关？

2 无机非金属及储能材料实验

无机非金属材料，是以某些元素的氧化物、碳化物、氮化物、卤素化合物、硼化物以及硅酸盐、铝酸盐、磷酸盐、硼酸盐等物质组成的材料，是除有机高分子材料和金属材料以外的所有材料的统称。无机非金属材料的提法是20世纪40年代以后，随着现代科学技术的发展从传统的硅酸盐材料演变而来的。无机非金属材料是与有机高分子材料和金属材料并列的三大材料之一。常见的无机材料有水泥、玻璃、陶瓷和二氧化硅气凝胶等。

无机非金属材料的品种和名目极其繁多，目前没有一个统一的标准和分类方法。一般把它们分为普通（传统）和先进（新型）无机材料两大类。传统的无机非金属材料是工业和基础建设所必需的基础材料。如水泥是一种重要的建筑材料；耐火材料与高温技术，尤其与钢铁工业的发展关系密切；各种规格的平板玻璃、仪器玻璃和普通的光学玻璃以及日用陶瓷、卫生陶瓷、建筑陶瓷、化工陶瓷和电瓷等与人们的生产、生活息息相关。它们产量大、用途广。其他产品，如搪瓷、磨料（碳化硅、氧化铝）、铸石（辉绿岩、玄武岩等）、碳素材料、非金属矿（石棉、云母、大理石等）也都属于传统的无机非金属材料。新型无机非金属材料是20世纪中期以后发展起来的，是具有特殊性能和用途的材料。它们是现代新技术、新产业、传统工业技术改造、现代国防和生物医学不可缺少的物质基础，主要有先进陶瓷（advanced ceramics）、非晶态材料（noncrystal material）、人工晶体（artificial crystal）、无机涂层（inorganic coating）、无机纤维（inorganic fibre）等。

无机非金属材料是国民经济的重要支柱，广泛应用于航空、航天、交通、电子和能源等领域。特别是随着可再生能源和储能技术的不断发展，无机非金属材料在能源领域的应用越来越广泛。比较常见的有锂离子电池电极材料、燃料电池催化剂、超级电容器和铅酸电池的关键材料等。在此，我们将这类无机非金属材料称为储能材料。

本章结合无机非金属材料基础实验，目的是使学生掌握无机非金属材料的物理、化学性能，了解材料的结构、物相等之间的关联；掌握材料热稳定性、化学稳定性的测试方法；掌握无机非金属储能材料的合成及性能研究方法。

2.1　无机材料热膨胀系数测定实验

2.1.1　实验目的与意义

物体的体积或长度随温度的升高而增大的现象称为热膨胀，当物质受热时，粒子的热能增大，原子之间的距离也随之增大，物质就发生膨胀。

热膨胀系数是材料的主要物理性质之一，是衡量材料的热稳定性好坏的一个重要指标。膨胀系数较低的材料具有较高的热稳定性，如玻璃炊具等。

当两种不同的材料彼此焊接或熔接时，要求两种材料具备相近的膨胀系数。如陶瓷坯体和轴的适应性，水泥路面、钢铁大桥、水泥大桥、大型建筑物的结合面或焊接等，因此，测定材料的热膨胀系数具有重要的意义。

2.1.2　实验原理

2.1.2.1　材料的热膨胀系数

材料的热膨胀系数（β）是指温度升高1℃时物体体积的相对增大值。

设试体为一立方体，边长为 L。当温度从 T_1 上升到 T_2 时，体积也从 V_1 上升到 V_2，体膨胀系数有

$$\beta = (V_2 - V_1)/V_1(T_2 - T_1) = (V_2 - V_1)/V_1\Delta T \tag{2-1}$$

2.1.2.2　线膨胀系数

线膨胀系数（α）是指温度升高1℃后，物体的相对伸长量。

设试体在一个方向的长度为 L。当温度从 T_1 上升到 T_2 时，长度也从 L_1 上升到 L_2，则平均线膨胀系数有

$$\alpha = (L_2 - L_1)/L_1(T_2 - T_1) = \Delta L/L_1\Delta T \tag{2-2}$$

α 和 β 的关系：

$$\begin{aligned}\beta &= (V_2 - V_1)/V_1 \cdot \Delta T \\ &= [(\alpha \cdot L_1 \cdot \Delta T + L_1)^3 - L_1^3]/L_1^3 \cdot \Delta T \\ &= 3\alpha + 3\alpha^2 \cdot \Delta T + \alpha^3 \cdot \Delta T^2 \\ &\approx 3\alpha \end{aligned} \tag{2-3}$$

由于线膨胀系数测量方法简单、快速，一般只测线膨胀系数。常用无机材料的膨胀系数见表2-1。

表 2-1 常用无机材料的膨胀系数

材料名称	线膨胀系数 (0~1000℃)/K^{-1}	材料名称	线膨胀系数 (0~1000℃)/K^{-1}	材料名称	线膨胀系数 (0~1000℃)/K^{-1}
Al_2O_3	8.8×10^{-6}	ZrO_2	10×10^{-6}	硼硅玻璃	3×10^{-6}
BeO	9.0×10^{-6}	TiC	7.4×10^{-6}	黏土耐火材料	5.5×10^{-6}
MgO	13.5×10^{-6}	B_4C	4.5×10^{-6}	刚玉瓷	$(5\sim5.5)\times10^{-6}$
莫来石	5.3×10^{-6}	SiC	4.7×10^{-6}	硬质瓷	6×10^{-6}
尖晶石	7.6×10^{-6}	石英玻璃	0.5×10^{-6}	滑石瓷	$(7\sim9)\times10^{-6}$
氧化锆	4.2×10^{-6}	钠钙硅玻璃	9.0×10^{-6}	钛酸钡瓷	10×10^{-6}

2.1.2.3 示差法的测定原理

无机材料的膨胀系数为 $(50\sim100)\times10^{-7}K^{-1}$，而石英的膨胀系数为 $5.7\times10^{-7}K^{-1}$，两者的膨胀性能差别比较大，因此可以用示差法来测定。

千分表的读数：

$$\Delta L = \Delta L_1 - \Delta L_2 \tag{2-4}$$

试样的净伸长：

$$\Delta L_1 = \Delta L + \Delta L_2 \tag{2-5}$$

试样的线膨胀系数：

$$\begin{aligned}\alpha &= (\Delta L + \Delta L_2)/L\cdot\Delta t \\ &= (\Delta L/L\cdot\Delta t) + (\Delta L_2/L\cdot\Delta t)\end{aligned} \tag{2-6}$$

其中，$\Delta L_2/L\cdot\Delta t = \alpha_{石}$

$$\alpha = \alpha_{石} + (\Delta L/L\cdot\Delta t)$$

石英玻璃的平均线膨胀系数按下列温度范围取值：

0~300℃：$5.7\times10^{-7}K^{-1}$；

0~400℃：$5.9\times10^{-7}K^{-1}$；

0~1000℃：$5.8\times10^{-7}K^{-1}$；

200~700℃：$5.97\times10^{-7}K^{-1}$。

材料的平均线膨胀系数与温度有关，应标明温度范围。

注：只要材料的膨胀系数大于石英的膨胀系数。如，金属、无机非金属、有机材料等，均可用这种方法测定。

2.1.3 实验器材

实验器材有：VTD-1 型热膨胀仪，石英膨胀仪，秒表，卡尺。

2.1.4 实验步骤

实验步骤为：

（1）试样的准备：

1）必须选取无缺陷的材料。尺寸：直径为5~6mm，长为（60±0.1）mm。

2）把试棒两端磨平，用千分卡尺精确量出长度。

（2）试样的安装：

1）下降炉体，使石英管平台露出，放上被测试样、石英玻璃棒和石英玻璃管。上升炉体，使被测试样处于炉膛中间位置。

2）调整被测试样，石英玻璃棒和千分表顶杆成一条线，并保持在石英玻璃管的中心轴区。

3）试样与石英玻璃棒要紧紧接触使试样的膨胀增量及时传递给千分表，一般要使千分表顶杆紧至指针转动2~3圈，再旋转千分表的刻度盘，使指针正好指在0刻度的位置。

（3）升温测试：

1）检查通电线路。

2）上升管式电炉，使试样位于电炉中心位置。

3）接通电源，以3℃/min的温度升温，每隔1min记一次千分表的读数和温度的读数，直到千分表上的读数向后退为止。

注意事项：

（1）升温速度不宜过快，控制2~3℃/min，并维持整个测试过程的均匀升温。

（2）实验过程中，不要触动仪器，也不要振动试验台桌。

2.1.5 实验数据与处理

将实验数据记录于表2-2中。

表2-2 测试结果记录表

试样编号：　　　试样原始长度 L(mm)：

试样温度 t/℃	千分表读数	试样伸长值 ΔL

实验数据处理：

（1）根据原始数据，在直角毫米坐标纸中绘出待测材料的线膨胀曲线。确

定 t_1、t_2，并根据 t_1、t_2 确定 L_1、L_2。

（2）按公式 $\alpha = \alpha_{石} + \Delta L/L(t_2 - t_1)$ 计算被测材料的平均膨胀系数。

（3）对于玻璃材料，从热膨胀曲线上确定其特征温度 T_g 和 T_f。

2.1.6 注意事项

实验注意事项有：

（1）被测试样和石英玻璃棒、千分表顶杆三者应平直相接，并保持在石英玻璃管的中轴区，以消除摩擦与偏斜影响造成的误差。

（2）试样与石英玻璃棒要紧紧接触使试样的膨胀增量及时传递给千分表，在加热测定前要使千分表顶杆紧至指针转动 2~3 圈，确定一个初读数。

（3）升温速度不宜过快，以控制 2~3℃/min 为宜，并维持整个测试过程的均匀升温。

（4）热电偶的热端尽量靠近试样中部，但不应与试样接触。测试过程中不要触动仪器，也不要振动实验台桌。

2.2 陶瓷材料热稳定性测定实验

2.2.1 实验目的

（1）了解陶瓷材料热稳定性测定的实际意义。

（2）了解影响陶瓷材料热稳定性的因素及提高热稳定性的措施。

（3）掌握陶瓷材料热稳定性的测定原理及测定方法。

2.2.2 实验原理

热稳定性（抗热震性）是指陶瓷材料能承受温度剧烈变化而不破坏的性能。普通陶瓷材料由多种晶体和玻璃相组成，因此在室温下具有脆性，在外力作用下会突然断裂。当温度急剧变化时，陶瓷材料也会出现裂纹或损坏。测定陶瓷的热稳定性可以控制产品的质量，为其合理应用提供依据。

陶瓷的热稳定性取决于坯釉料配方的化学成分、矿物组成、相组成、显微结构、坯釉料制备方法、成型条件及烧成制备等工艺因素以及外界环境。由于陶瓷内外层受热不均匀，坯料与釉料的热膨胀系数差异而引起陶瓷内部产生应力，导致机械强度降低，甚至发生分裂现象。

一般陶瓷的热稳定性与抗张强度成正比，与弹性模量、热膨胀系数成反比，而导热系数、热容、密度也在不同程度上影响陶瓷材料的热稳定性。

釉的热稳定性在较大程度上取决于釉的热膨胀系数。要提高陶瓷的热稳定性首先要提高釉的热稳定性。陶瓷坯体的热稳定性则取决于玻璃相、莫来石、石英及气孔的相对含量、粒径大小及其分布状况等。

陶瓷制品的热稳定性在很大程度上取决于坯釉的适应性，所以它也是带釉陶瓷抗后期龟裂性的一种反映。

陶瓷热稳定性测定方法一般是把试样加热到一定的温度，接着放入适当温度的水中，判定方法为：（1）根据试样出现裂纹或损坏到一定程度时，所经受的热变换次数；（2）经过一定次数的热冷变换后机械强度降低的程度来判定热稳定性；（3）试样出现裂纹时所经受的热冷最大温差来表示试样的热稳定性，温差越大，热稳定性越好。

陶瓷热稳定性的测定方法一般是将试样（带釉的瓷片或器皿）置于电炉内逐渐升温到220℃，保温30min，迅速将试样投入到染有红色的20℃水中10min，取出试样擦干，检查有无裂纹。或将试样置于电炉内逐渐升温，从150℃开始，每隔20℃将试样投入（20±2）℃的水中急冷一次，直至试样表面发现有裂纹为止，并将不出现裂纹的最高温度作为衡量瓷器热稳定性的数据。

也有将试样放在100℃沸水中煮0.5~1h，取出投入到不断流动的20℃的水中，取出试样擦干，检查有无裂纹。如没有裂纹出现，则重复上述实验，直至出现裂纹为止。记录水煮次数，以此作为衡量瓷器热稳定性的数据。热交换次数越多，说明该陶瓷样品的热稳定性越好。

本实验采用前面两种方法来测定陶瓷材料的热稳定性。

2.2.3 实验仪器与材料

实验仪器：普通陶瓷热稳定性测定仪（由加热炉体、恒温水槽、送试样机构、控温仪表四个部分组成）、万能材料试验机。

实验材料：市场购买的瓷砖样品、红墨水或黑墨水。

2.2.4 实验步骤

2.2.4.1 方法一

方法一实验步骤为：

（1）检查被测定的样品是否完好无损；

（2）将被测定的样品放入干燥箱中，设定干燥箱温度与室内温度相差150℃，并保温20min；

（3）将试样取出迅速投入室温下的水中急冷，保持5min；

（4）将水中的试样取出，并观察是否有裂纹，若无裂纹，将样品继续放入干燥箱中，然后继续重复前面操作，直到样品出现裂纹为止，记录此时样品所经受的热变换次数。

2.2.4.2 方法二

方法二实验步骤为：

（1）检查被测样品是否完好无损；

（2）将被测样品放入干燥箱中，设定干燥箱温度与室内温度相差150℃，并保温20min；

（3）将试样取出迅速投入室温下的水中急冷，保持5min；

（5）将水中的试样取出，取部分样品进行抗弯强度的测试，其余样品继续重复前面的操作，直至剩余样品全部出现裂纹即强度性能测试停止。

（5）每次做3~5个测试，取平均值作为测试结果。

2.2.5 实验数据与记录

（1）以表格形式做好相关实验数据记录。

（2）对实验结果绘制相应的曲线以及进行相应的分析。

2.2.6 思考题

（1）影响测定陶瓷材料热稳定性的因素及防止措施是什么？

（2）影响陶瓷材料热稳定性的因素有哪些？

2.3 玻璃化学稳定性的测定实验

2.3.1 实验目的和意义

2.3.1.1 实验意义

玻璃的化学稳定性，也称安定性、耐久性或抗蚀性，是指玻璃在各种自然气候条件下抵抗气体（包括大气）、水、细菌和在各种人工条件下抵抗各种酸液、碱液或其他化学试剂、药品溶液侵蚀破坏的能力。

玻璃的化学稳定性是玻璃的一个重要性质，也是衡量玻璃制品质量的一个重要指标，因为任何制品的任何用途都要求玻璃具有一定的化学稳定性。当玻璃的化学稳定性差时，玻璃制品就不能使用。如保温瓶等会因为玻璃溶入药液而影响药液的质量，甚至会危及生命。

2.3.1.2 实验目的

实验目的：

（1）进一步理解玻璃被侵蚀的机理。

（2）掌握粉末法测试玻璃耐水性的方法。

2.3.2 实验原理

2.3.2.1 侵蚀机理

侵蚀介质对玻璃的破坏过程是很复杂的。就一般情况而论，当玻璃与侵蚀介质接触时，破坏机理可分为溶解和浸析两大类。当溶解发生时，玻璃各组分以其在玻璃中存在的比例同时进入溶液中（例如氢氧化物溶液、磷酸盐溶液、碳酸盐溶液、磷酸或氢氟酸等溶液）中，这种侵蚀也称完全侵蚀。当浸析发生时，只是玻璃中的某些组分溶入溶液中，其余部分残留在玻璃表面而形成化学稳定性较高的保护膜，玻璃的骨架没有被瓦解。

玻璃制品经常遇到的介质有气体与液体，气体有 CO_2、SO_3 等，液体有水(包括潮湿空气中的水蒸气)、酸液、碱液和盐类溶液等。下面简单讨论水介质对玻璃的侵蚀。

从实验知道，各种酸、碱、盐的水溶液对玻璃发生破坏作用时，都是水先与玻璃表面起反应。因此可以说水是玻璃的最大“敌人”。就目前情况而言，水能与任何一种玻璃作用，只是程度不同而已。

从微观角度来看，玻璃的内部是比较空旷的。即玻璃的网络结构内有很大空隙。因此，当玻璃与侵蚀介质接触时，介质的某些分子或离子能从玻璃表面进入内部与玻璃内部的某些离子进行交换或者同玻璃结构网络进行反应。反应结果：玻璃表面的 Si—O 键断裂，形成硅醇—OH 基团，随着这一水化反应的继续，Si 原子周围原有的 4 个桥氧全部成为 OH，这就是 H_2O 分子对硅氧骨架的直接破坏。当水进一步作用时，在玻璃表面将形成一层均匀的高硅酸薄层，俗称为硅酸凝胶膜，这层薄膜具有一定的坚固性，同时又具有很强的吸附能力，使玻璃的进一步破坏过程减慢，故称为保护膜。水对玻璃的作用时间越长，生成的保护膜越厚，破坏的过程就越慢。所以水对硅酸盐玻璃的侵蚀作用只是在最初一个阶段比较显著，随着侵蚀过程的进行，玻璃的抗水能力便逐步增强。在达到一定时间后，侵蚀作用基本停止。

不论酸、碱或盐类溶液对玻璃的作用，首先都是由水中的 H^+、H_3O^+ 置换玻璃表面或内部的金属阳离子开始的。因此，对水的抗蚀性能是各种不同要求的玻璃制品的共同要求。

2.3.2.2 粉末法测试玻璃耐水性的原理

粉末法可以说是一种万能的方法，因为这种方法可以测定各种玻璃制品的化学稳定性（不管什么形状都可加工成粉末试样）。粉末法的实质是将具有一定颗粒度的试样，在某种侵蚀剂的作用下，于某一特定温度时保持一定的时间，然后测定粉末损失的质量或用一定的分析手段测定玻璃转移到溶液中的成分的含量。

粉末法的特点是简单而快速。因为试验样品是粉末，玻璃表面积大，增大了与侵蚀剂的作用面积，而提取的组分也足够大，可以消除某些偶然因素的影响。粉末法不足的是溶液受表面大小、温度、溶剂用量等因素的影响，因而测量精确度比较差。若不细心准备、遵守一切实验流程，便难以获得精确的结果。

2.3.3 实验器材

本实验的实验器材见表 2-3。

表 2-3 实验器材

品　名	规格/数量	品　名	规格/数量
水浴锅	4 孔或 6 孔/1 台	锥形烧瓶	60mL 或 100mL/1 只
电烘箱	1 台	分析天平	1 台
筛子	孔径为 0.3mm 和 0.5mm 的标准筛，各 1 把	镊子	1 把
温度计	2 支（读数精确到 0.2℃）	干燥箱	1 个
酸式滴定管	5mL 刻度为 0.02mL/1 支	锤子	重约 1kg/1 把
硬质钢研钵	1 个	玻璃块	3 种，各 50g 以上
磁铁	棒状或马蹄形/1 个	无水乙醇	若干
中性蒸馏水	若干	带塞容量瓶	50mL/5 个
甲基红指示剂	若干	标准盐酸	0.01mol·L^{-1}/若干

2.3.4 实验步骤

2.3.4.1 制样步骤

取按日常生产方法进行退火已消除应力的玻璃块（其厚度大于 1.5mm）50g，用布把玻璃表面擦干净，再用干净的纸包上，用锤子把试样敲碎；选取 30g 以上直径在 10~30mm 之间的玻璃块，放入硬质锡研钵中，插入研杆，用锤猛击一下研杆。应当注意，锤击次数多于一次时，会产生过细的粉碎。锤击之后，将研钵内的玻璃在 0.5mm 和 0.3mm 的标准筛上过筛，过筛后，又将 0.5mm 标准筛上的玻璃放入研钵中粉碎，过筛，如此操作数次，直至留在 0.3mm 标准筛上的玻璃粉末达到 15g 左右为止，最后移去 0.5mm 的标准筛，再筛 5min。

如果没有钢质研钵，也可用陶瓷研钵来加工玻璃粉体。方法如下：取 100g 的玻璃在陶瓷研钵中研细。因为粉末法是使玻璃颗粒表面受化学处理，为了获得可以比较的结果，玻璃颗粒要求表面相等，即要求球形颗粒。为此，制备试样时应采用薄玻璃块，用弱撞击的方法粉碎，玻璃碎块应在大研钵中研细，杆应在研钵中做圆周运动，这样可以使玻璃块免受冲击而形成片状体。玻璃块研细后，使之过孔径为 0.5mm 和 0.3mm 的标准筛，去掉大于 0.5mm 和小于 0.3mm 的颗粒，取 0.3~0.5mm 粒级的颗粒作试样，过筛时最好用机械筛而不用人工筛。因为机械筛能加快筛分的速度，并能得到较均匀的粒级。此外，过筛时应先过大孔筛，后过小孔筛，过筛时间不宜过长，否则会造成大量的粉尘。

玻璃粉末分级后应用镊子仔细地选择球形颗粒，去掉扁平的或带有玻璃末的颗粒。为此，可将所得的玻璃粉末撒到倾斜放置的木板或胶合板上，然后轻轻敲击木板，球形颗粒便向下滚动，而扁平颗粒便被阻滞下来，按上述方法重复 2~3 次，就可获得较为均匀的球形颗粒。至于有粉壳的玻璃，可将粉末放到底部照明的乳白玻璃板上来观察，不透明的与暗颜色的颗粒就是有缺陷的玻璃。这些颗粒可用镊子除掉。

将筛选出来的 0.3~0.5mm 玻璃粉末约 10g 放在光滑的白纸上，摊平，用磁铁在上面反复移动，吸去研钵上落下的铁屑，直至磁铁上不再出现铁屑为止，若用陶瓷研钵研磨的粉末，此操作可省去不做。

为了除去颗粒上的细末，可用不与玻璃作用的液体（如乙醇）进行洗涤，在洗涤过程中应避免剧烈的振动，以免形成细分散的玻璃粒级。

洗涤好的粉末应放入电烘箱内，在 100~110℃下干燥至恒重（要求两次称重过程中试样总质量误差不超过 0.5mg）。干燥结束后试样移入干燥器中冷却至室温（即与天平周围的温度相同），待用。

2.3.4.2　测试步骤

测试步骤为：

（1）往恒温水浴锅内加入足量的水，通电加热至沸腾，待用。

（2）在分析天平上准确称取处理后的试样 3 份，每份 2g（精确至 0.002g），分别放入 3 个 50mL 的容量瓶内，用蒸馏水冲洗瓶壁上的样品，使之流入瓶底，再加入蒸馏水至瓶的刻度线。此外，另取两只 50mL 的容量瓶，加蒸馏水至刻度线，其中一只用作空白实验；另一只插上温度计，用来控制温度。

（3）上述 5 个容量瓶平稳地浸入沸水浴中，浸入深度以超过刻度为限。加快升温速度，使容量瓶内温度在 3min 内达到(98±0.5)℃。

（4）将容量瓶从热水浴中取出，打开瓶塞，将瓶浸入冷水浴中迅速冷却至室温，并用蒸馏水补齐至瓶的刻线，盖上盖子，摇匀后静置 5min，使样品颗粒下沉，得到上层清液。

（5）用移液管从每只容量瓶中移取 25mL 清液，放入相应的锥形烧瓶内，各加入 2 滴甲基红溶液，用 0.01mol/L 盐酸标准溶液滴定至微红色，分别记下所耗用 0.01mol/L 盐酸标准溶液的毫升数。

（6）以同样方法确定空白溶液所耗用的标准盐酸的毫升数。

2.3.4.3　结果计算

从得到的测定值中分别减去空白值，即得到结果。如果要计算相应碱析出量的数据，可按式（2-7）计算：

$$Na_2O(\mu g/g) = 310 \times V \tag{2-7}$$

式中 V——所消耗的标准盐酸的体积，mL。

玻璃的耐水等级由表 2-4 确定。

表 2-4 玻璃水解等级的分级

玻璃等级	每克玻璃粉末耗用 0.01mol/L 盐酸溶液的量 /mL·g^{-1}	每克玻璃粉末的氧化钠浸出量/μg·g^{-1}
1	<0.10	<31
2	0.10~0.20	31~62
3	0.20~0.85	62~264
4	0.85~2.0	264~620
5	2.0~3.5	620~1035

2.3.5 注意事项

如果实验样品的厚度小于 1.5mm，或者在 20℃时，玻璃的密度大于 2700kg/m^3 或小于 2300kg/m^{3}时，这些数据应记录在实验报告中。为保持试样表面一致，此试样的每份质量应称取得克数改为 0.8 乘以玻璃的密度。

2.3.6 思考题

（1）玻璃化学稳定性测定的实质是什么？

（2）影响玻璃化学稳定性的因素有哪些？在做本实验时，如何才能获得比较准确的结果？

（3）玻璃的耐水性有几种，各用什么方法测定？

（4）你认为玻璃的耐酸性应如何测定？

2.4 镍锌铁氧体磁性材料的制备与性能测试实验

2.4.1 实验目的

（1）掌握镍锌铁氧体磁性材料的制备方法。

（2）掌握磁性材料性能测试方法。

2.4.2 实验原理

磁性材料已广泛应用在通信、自动控制和家用电器等电子产品中。磁性材料按矫顽力的大小可以分为软磁材料和永磁材料。软磁材料是其中应用最广泛、种类最多的材料之一。软磁材料是指由较低的外部磁场强度即可获得大的磁化强度的材料。软磁材料主要有金属软磁材料（硅钢片、坡莫合金、仙台合金等为代表的 Fe 系、Fe-Si 系、Fe-Al 系、Fe-Ni 系、Fe-Si-Al 系、Fe-Co 系、Fe-Cr 系等）和铁氧体软磁材料（如 Mn-Zn 系列和 Ni-Zn 系列等）为代表的晶体材料、非晶态软磁材料。

镍锌铁氧体是一种非金属软磁性材料，具有高电阻率、低温度系数、高居里温度、高频性能和制备价格低廉、易于合成等优势。在变压器、高频电感磁芯、磁记录材料、微波吸收材料等磁性材料的研究领域和发展前景中有重要的地位。

镍锌铁氧体的制备方法有很多，包括传统的固相法、水热合成法、溶胶凝胶法、化学沉淀法等。

本实验采用传统的高温固相法制备镍锌铁氧体磁性材料，以分析纯 NiO、ZnO、Fe_2O_3 为原料。工艺工程为：将配料经一次球磨后烘干、粉碎、预烧即可得到镍锌铁氧体材料。对镍锌铁氧体粉料进行二次球磨（湿磨）、粉碎、湿浆、湿磨料压制成型、对成型产品烧结，即得到镍锌铁氧体烧结产品，然后进行性能检测。

2.4.3　实验药品与器材

采用的实验材料包括：分析纯的 NiO、ZnO、Fe_2O_3。

实验器材有：变频行星式球磨机、电热鼓风干燥炉（烘箱）、中温实验炉；双辊轧膜机、压力实验机、TYU-2000D 软磁直流冲击测量装置。

2.4.4　实验步骤

实验步骤：

（1）配料：将原料三氧化二铁（Fe_2O_3）、氧化镍（NiO）和氧化锌（ZnO）按照摩尔比为 5∶2∶3 进行称重准备。称重质量精确至小数点后两位。可按表 2-5 进行原料的配料准备进行称重。实验采用水作为弥散剂，聚乙烯醇作为黏结剂。

表 2-5　各原料的质量及称量质量

配料	Fe_2O_3	NiO	ZnO
制备所需质量/g	50.1054	9.5074	15.3872
称量质量/g	50.11	9.51	15.39
纯度/%	99.4	98	99

（2）预烧料制备：为了使各种原料尽量地混合均匀，首先将称重好的原料进行一次球磨：球磨前先将球磨机清洗，注水加钢球球磨清洗 15min，加水量将

钢珠淹没即可。球磨机清洗过后，加入原料、钢珠和水。水：料：球的质量比为1：1：5。装好后将球磨罐放入球磨机中，设置转速不超过10r/min，球磨时间为1h。将经过球磨后混合均匀的原料取出，分离出钢球，然后将得到的混合料放入电热鼓风干燥炉内进行烘干，大约3h后取出。为了使接下来的预烧过程更加充分进行，将烘干后的物料进行碾碎。

（3）预烧：将上面步骤中得到的粉料放入中温炉中，开启电炉电源，设置加热速率为5℃/min，温度为850℃，保温时间为2h，开始预烧反应。这一步的目的是使各种氧化物发生初步的固相反应，减少烧结时产品的收缩率。预烧完成后，物料随炉冷却至室温后取出备用。

（4）二次球磨：为了将预烧后的物料粉碎、获得成型所要求的粉料粒度，增加烧结反应时的接触面，预烧后的物料需要进行二次球磨。球磨前将球磨机进行清洗，与前面步骤一样，加水球磨清洗15min，加水量以水淹没钢球为准。然后以料：水：球的比例为1：1：5进行混合后放入球磨罐中，将球磨罐放入球磨机后进行球磨，球磨时间为3h。烧结完成后取出物料并分离出钢珠，将所得物料放入烘箱中烘干后备用。

（5）为了增加坯块的机械强度，提高粉末在模具中的填充性，以及烧结后脱模时样品不产生裂纹，需要在物料中加入一定量的黏结剂。对预烧、粉碎后的物料进行称重，然后按质量分数10%加入浓度为7%的聚乙烯醇作为黏结剂，将黏结剂放入粉料中间，进行充分混合。

（6）将混合均匀的物料放入双辊轧膜机中进行两次轧压，使黏结剂在物料中混合均匀。然后将轧制后的物料造粒并过筛。

（7）将物料分成大约5g一组，共得10组。然后将每组物料放入压力实验机中的环形模具中压制成型，压力大小为8kPa，保压时间10s。在实验过程中要严格遵守压力实验机的操作方法，以防发生意外。压制完成后，测量5组成型坯体并标记序号，坯体尺寸记录于表2-6中。

表2-6　坯体尺寸记录

编号	外径/cm	内径/cm	高度/cm
1			
2			
3			
4			
5			

（8）将上述成型坯体放入中温试验炉中进行烧结，设置烧结温度控制程序，升温速率为3℃/min，烧结温度为1200℃，保温时间为3h。烧结气氛为空气气

氛。保温结束后，物料随炉自然冷却。

(9) 磁性能测试：取一个烧结好的成品，先进行外观尺寸测量并记录在表2-7中。然后给成品环状镍锌铁氧体一次缠绕上磁化组线圈20匝，然后反向缠绕测量组线圈10匝。缠绕过程中应尽量让线圈分布均匀。缠绕结束后留出长约15cm的线头，并将最前面的5cm打磨以供测量，每组样品做好标记。然后将成品镍锌铁氧体接入软磁直流测试装置，测量其饱和磁感应强度 B_s、剩余磁感应强度 B_r、矫顽力 H_c、初始磁导率 μ_i 以及最大磁导率 μ_m。直流测试装置的操作流程按机器给出的操作指南进行。测量结束后记录测量数据，记录在表2-8中。

表 2-7 成品尺寸及线圈匝数记录表

编号	外径/mm	内径/mm	高度/mm	磁化组匝数	测量组匝数
1					
2					
3					
4					
5					

表 2-8 性能测试数据记录表

编号	饱和磁感应强度 B_s	剩余磁感应强度 B_r	矫顽力 H_c	初始磁导率 μ_i	最大磁导率 μ_m
1					
2					
3					
4					
5					

测量结束后，可将测试数据与理论参数进行对比。判断制备得到的软磁材料的性能。一般来说，对软磁材料的基本要求是：磁导率要高，矫顽力要小，饱和磁感应强度要高。提高起始磁导率的方法有：

1) 饱和磁化强度 M_s 要高；
2) 磁晶各向异性常数 K_1 和饱和磁致伸缩系数 λ_s 要小；
3) 结构均匀，晶粒完整无变形，内应力 σ 小；
4) 原料尽可能纯，无掺杂，无气孔，无杂相；
5) 晶粒尺寸大，减小晶界阻滞。

2.4.5　思考题

镍锌铁氧体的制备工艺对其磁性能有哪些影响？

2.5　三元正极材料的制备与电化学性能研究实验

2.5.1　实验目的

（1）掌握三元电极材料的制备流程、物料平衡计算理论、工艺参数优化方法。

（2）掌握电池组装流程及电化学性能测试方法。

2.5.2　实验原理

2.5.2.1　共沉淀反应制备前驱体

向原料溶液中添加适当的沉淀剂，使溶液中已经混合的各组分按化学式计量比共同沉淀出来，或在溶液中先反应沉淀出一种中间产物，再把它煅烧分解制备出目标产物。采用该工艺可根据实验条件对产物的粒度、形貌进行调控，产物中有效组分可达到原子、分子级别的均匀混合，设备简单，操作容易。

共沉淀过程主要包括过饱和溶液的形成、晶体成核和晶体的生长三个过程。在描述结晶过程中还应当包括诱导期、半转变期、最大结晶速率、过程阶数等。制备三元材料前驱体时，由于镍钴锰氧化物的浓度积小，沉淀速率快，溶液过饱和度高，晶体成核快，容易形成胶体沉淀，形貌不易控制，而且 $Mn(OH)_2$ 溶度积较另外两种氢氧化物大两个数量级，采用镍钴锰金属盐与碱直接反应难于合成具有球形形貌前驱体，实现均匀地沉淀。

该部分首先以镍、钴、锰硫酸盐为原料，采用共沉淀反应釜进行合成，通过优化沉淀离子的过饱和度、pH 值、氨水浓度、温度、搅拌速度等工艺参数制备目标产物，最后通过化学及形貌分析得到符合要求的镍钴锰氢氧化物前驱体。

由于大量的过渡金属离子在加入反应器后以氨络合物的形式存在，溶液中游离态的过渡金属离子很少，溶液过饱和度低，抑制晶核形成速率，使溶液中更多沉淀离子向晶核微粒表面扩散，并在晶核表面沉淀，促成晶粒生长，便可得到结晶度好、合理团聚并有适当粒度的球形氢氧化物产品。其反应过程包括络合反应和沉淀反应，见式（2-8）~式(2-10)。

$$1/3Ni^{2+} + 1/3Co^{2+} + 1/3Mn^{2+} + xNH_4OH \longrightarrow$$
$$[Ni_{1/3}Co_{1/3}Mn_{1/3}(NH_3)_n^{2+}] + nH_2O + (x-n)NH_4OH \qquad (2\text{-}8)$$

$$[Ni_{1/3}Co_{1/3}Mn_{1/3}(NH_3)_n^{2+}] + yON^- + zH_2O \longrightarrow Ni_{1/3}Co_{1/3}Mn_{1/3}(OH)_2 + zNH_4OH + (n-z)NH_3 \tag{2-9}$$

$$NiSO_4 \cdot 6H_2O + CoSO_4 \cdot 7H_2O + MnSO_4 \cdot H_2O + NH_3 + NaOH \longrightarrow Ni_xCo_yMn_z(OH)_2 + NH_3 + Na_2SO_4 + H_2O \tag{2-10}$$

根据研究结果，共沉淀反应溶液 pH 值的控制、氨水浓度、搅拌速度、反应时间长度、反应温度、陈化时间等因素都直接影响产物的形貌和性能。

2.5.2.2 高温烧结制备三元材料

三元材料高温烧结过程包括锂盐和预制备前驱体的热分解以及分解产物的化学反应过程，通过控制锂盐配比、煅烧温度、煅烧时间、氧气气氛等工艺参数制备目标产物。

A 高温烧结锂盐配比

锂盐配比不仅影响三元材料比容量和循环性能，还会影响三元材料的表面游离锂含量和材料的 pH 值。三元材料锂盐配比范围在1.02~1.15之间，主要是因为煅烧过程锂盐会发生分解和会部分挥发。锂盐配比偏高或偏低，三元材料容量都会降低。锂盐配比越高，材料表面的游离锂越高。一般情况下，锂盐稍微偏高的材料循环性能较为优异，但比容量并不是很高；锂盐稍微偏低的材料能得到较高的比容量，但其循环性能有所降低。

B 煅烧温度和时间

煅烧温度和煅烧时间是影响三元材料性能的重要因素。但两者不是完全独立的，当煅烧温度略高时，可适当缩短煅烧时间；若煅烧时间过长，可适当调低煅烧温度。在晶体中晶格能越大，离子结合也越牢固，离子扩散也越困难，所需煅烧温度也越高。各种晶体由于键合情况不同，煅烧温度相差也很大，因此不同比例的三元材料煅烧温度具有较大的差异性，这跟镍氧、钴氧、锰氧的键合情况具有较大的关联性。即使用同一种晶体的结晶度也不是一个固定不变的值，所以采用不同工艺路线生产出的三元前驱体生产三元材料时确认的较佳煅烧温度各不相同。温度升高，一方面促使产物中的一次颗粒生长得粗大、致密，提高振实密度，原料中许多未成球的团聚小颗粒也由于固相反应而重新生长成结构致密的产物，因此适当提高煅烧温度对反应是有利的。温度过低，反应不完全，容易生成无定型材料，材料的结晶性能不好，且容易有杂相，对材料的电化学性能影响也较大。所以只有当煅烧温度适中，才能使材料的加工性能和电化学性能达到最佳状态。

不同组分的三元材料煅烧温度也不同。一般情况下，镍含量越高，煅烧温度越低。另外，煅烧温度直接影响材料的容量、效率和循环性能，对材料表面锂盐和材料 pH 值影响较为明显，对材料的振实密度、比表面积也有一定的影响。随温度的升高，物料的扩散系数增大；烧结时间对材料容量、比表面积、振实密度、pH 值影响不大；随烧结时间延长，表面锂残留量减少，单晶颗粒尺寸减小。

C　煅烧气氛

三元材料的煅烧过程是氧化反应，需要消耗氧气。在扩散控制的三元材料的煅烧中，气氛的影响与扩散控制因素有关，与气孔内气体的扩散和溶解能力有关，表面会聚集大量的氧气，使阳离子空位增加，有利于阳离子扩散的加速和促进煅烧，所以三元材料的煅烧过程中要确保有足够的氧分压。

2.5.2.3　材料性能分析、半电池组装及电化学性能测试

通过 XPS 和 FE-SEM 对制备三元电极材料进行化学分析和形貌分析。通过极片制备、电池装配和封口等步骤掌握纽扣电池的装配工艺。通过蓝电测试系统等对以三元电极材料为正极的电池充放电比容量、循环稳定性能进行表征。其电池装配流程如图 2-1 所示。

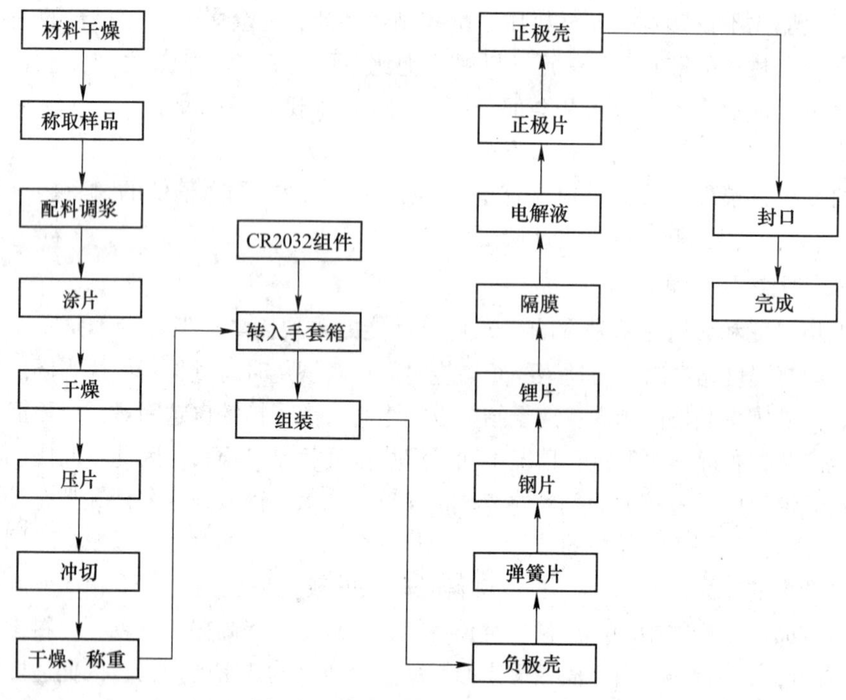

图 2-1　扣式电池制作工艺流程图

2.5.3　实验设备及材料

2.5.3.1　仪器设备

A　前驱体制备

前驱体制备所需设备：共沉淀反应釜，苏州微格，5L，VF5.0Q；循环水多

用真空泵，博科仪器，SHZ-D（Ⅲ）；真空干燥箱，上海精宏，DZF-6050；行星式球磨机，合肥科晶，SFM-1。

B 高温烧结

高温烧结所需设备：管式烧结炉，合肥科晶，GSL-1500X；混料机，合肥科晶，SFM-2。

C 电极片制备及电池组装

电极片制备及电池组装所需设备：涂布机，深圳科晶，MSK-AFA-SC200；辊压机，深圳科晶，MSK-2150；切片机，深圳科晶，MSK-T10；高精度天平，梅特勒-托利多，XSE105；真空手套箱，米开罗那，Super1220；移液枪，力辰，5-50μL；封口机，深圳科晶，MSK-110。

D 电化学性能测试

电化学性能测试所需设备：蓝电测试系统，武汉蓝电，CT2001A。

2.5.3.2 实验材料

A 前驱体制备

前驱体制备所需实验材料有：硫酸盐溶液：硫酸镍（$NiSO_4 \cdot 6H_2O$，AR）、硫酸钴（$CoSO_4 \cdot 7H_2O$，AR）、硫酸锰（$MnSO_4 \cdot 5H_2O$，AR）；碱溶液：氢氧化钠（NaOH，AR）；络合剂：氨水（5mol/L）；预反应底液：氨水（0.5mol/L）；超纯水；pH 标准溶液，酸性指示剂（邻苯二甲酸氢钾 4.0）；碱性指示剂（硼砂 9.18）和中性指示剂（混合磷酸盐 6.86）；氩气（高纯，99.99%）。

B 高温锂化

高温锂化实验材料有：锂盐：$LiOH \cdot H_2O$，AR；气氛：氧气，99.9%。

C 电极片制备及电池组装

电极片制备及电池组装材料有：集流体，20μm 厚单面光铝箔；导电剂，Super P（炭黑）；黏结剂，PVDF 溶液；正（负）极壳、弹簧片、钢片、锂片、隔膜、电解液。

2.5.4 实验步骤

2.5.4.1 三元电极材料制备实验过程

三元电极材料制备实验过程为：

（1）实验准备防护：穿戴护目镜、手套、白大褂。

（2）确定配比、计算摩尔数、前驱体制备。

1）盐溶液配制浓度为 2mol/L，所需体积为 675mL，根据盐溶液摩尔数＝盐溶液摩尔量×盐溶液浓度体积，则盐溶液摩尔数为 2mol/L×675mL＝1.35mol。

2）确定（Ni、Co、Mn）配方摩尔比为 8：1：1，由于（Ni、Co、Mn）摩尔量=盐溶液摩尔量×(Ni、Co、Mn）所占比例，确定（Ni、Co、Mn）摩尔数分别为 1.08mol、0.135mol、0.135mol。

3）配制（Ni、Co、Mn）摩尔数分别为 1.08mol、0.135mol、0.135mol ，体积为 675mL 的盐溶液。

（3）化学反应准备清洗反应釜、泵和软管以及 pH 值传感器的校准。

1）水清洗反应釜。

2）校准 pH 值传感器，将 pH 值传感器依次放入 pH 值为 4、6.86、9.18 的标准溶液中进行校准。

3）超纯水清洗反应釜，打开反应釜顶盖上的密封环，然后抬升反应釜顶盖，并倒入超纯水，降下顶盖关闭密封环。开始搅拌，执行 20min 后，停止搅拌，并将废水排除。设置助剂泵、碱泵、盐泵的速率为 750mL/h，清洗 20min 后停止。

（4）共沉淀化学反应。

1）向反应釜中倒入氨水关闭密封环。打开氩气瓶开关，并通氩气。

2）按下助剂泵、碱泵、盐泵运行按钮，排出软管中的空气，然后依次停止这 3 个泵的运行。设置泵速率为 800mL/h 后开始进行搅拌。

3）设置 pH 值为 11.25、冷却温度为 59℃、冷却关闭温度为 57℃后，设置碱泵速率为 120mL/h，运行碱泵，打开搅拌运行、循环泵运行、电加热运行调节 pH 值、温度到预定值。

4）设置助剂泵、碱泵、盐泵速率分别为 12mL/h、60mL/h、50mL/h，打开助剂泵和盐泵后开始反应。

（5）停止反应，过滤滤渣。依次停止助剂泵、碱泵、盐泵，等待 12h 后，停止循环泵和电加热。设置搅拌速率为 200mL/h，打开下阀门开关，将反应液导入到抽滤瓶中，然后关闭下阀门。向反应釜注水、清洗及排水。然后将超纯水倒入漏斗中，反复过滤 3 次。然后用镊子将抽滤瓶上的滤纸取下，用药勺将过滤纸上的滤渣刮入到表面皿中。

（6）高温锂化物料配置。

1）打开干燥箱门，将装滤渣的表面皿放入干燥箱中，开启真空泵，烘干 10h，放气后，打开干燥箱门，取出表面皿。

2）向两个混料罐分别倒入适量氧化锆，然后将称量纸放入电子天平上并清零，称量 6.233g 的前驱体，完成后将前驱体倒入混料罐 1 中。按照同样的方法称量一定量的前驱体放入混料罐 2 中。

3）由 mLiOH · H_2O = m 前驱体/M 前驱体×配比×M LiOH · H_2O = 62.3333×2/92.6×42 = 56.544g 得 LiOH · H_2O 的质量为 56.544g，考虑到过锂量，称量 59.683g 的 LiOH · H_2O 导入到混料罐 1 和混料罐 2 中。

4）将装入前驱体、$LiOH \cdot H_2O$ 和氧化锆的两个混料罐对称安装在混料机上，打开混料机的电源开关，并设置转速为 150r/min，待前驱体和 $LiOH \cdot H_2O$ 混合均匀后，取下混料罐 1 和混料罐 2，将其中的混合物倒入到刚玉舟中。

（7）高温煅烧制备电极材料。打开烧结炉的进口，放入刚玉舟，关闭烧结炉进口后打开氧气瓶开关，通入氧气，设置烧结时间为 15h 和烧结温度为 750℃ 后，开始烧结反应。反应完成后，关闭氧气瓶开关，打开烧结炉的进口开关，取出刚玉舟。

（8）电极材料成分及形貌分析。将制备的三元电极材料送到检测中心进行检测，等待 2~3h，观察 XRD 图与电镜图。

2.5.4.2 电池组装与电化学性能测试

电池组装与电化学性能测试实验步骤为：

（1）电极片配比。电极片配比的活性物质：SuperP：PVDF = 8：1：1，活性物质质量为 2g，计算炭黑粉末的质量为 2/8×1 = 0.25g 和 PVDF 的质量为 0.25g。用电子天平分别称取活性物质 2g，炭黑粉末 0.75g 和 PVDF 0.25g，用适量 NMP 作为溶剂，制备成混合均匀的浆料备用。

用研棒在研钵中将电极材料研磨均匀。

（2）电极片涂布工艺。

1）用镊子将铝箔放在涂覆机上，并用棉球擦拭干净，然后将铝箔翻转，再次用棉球擦拭干净。用药勺取一定量的电极材料，并涂在铝箔上，然后设置涂敷厚度为 35μm 后，调节涂敷机厚度旋钮和涂敷速率，打开电源后，开始涂敷，完成后关闭涂敷机电源。

2）用镊子取下涂好的电极片放置到玻璃板上，然后打开真空干燥箱，将玻璃板放入其中，然后开启真空泵将干燥箱内空气抽净，烘干 10min 后，取出玻璃板。

3）用硫酸纸将混合铝箔包裹起来，然后设置压片机两辊间距为 35μm，调节压片机的滚轮间距后，打开电源，开始压片，压片完成后，退出压片，然后将档位调至 Stop，取下箔片。将箔片放到切片机上，然后搬动切片机手柄，进行切片。从切片盒中取出电极片并放入到收纳盒中。

4）在电子天平上分别称量无电极材料和有电极材料的小圆片，取 3~5 次的平均值。无电极材料圆片为 0.0043g，有电极材料的圆片为 0.0051g，电极片活性物质质量为 0.0007g。

（3）组装电池。电池的组装在手套箱中进行，顺序依次为负极壳、弹簧片、钢片、锂片、隔膜、电解液、电极片、正极壳。装好电池后将电池放在封口器上，使用“Lock”锁住电池，搬动手摇杆对电池封口，最后将封好口的电池放入收纳盒并移出手套箱。

(4) 电池性能测试。取出组装好的电池，将电池夹在测试机器上。设置充电电压为4.3V，电流为0.2C，放电电压为2.8V，电流为0.2C。然后输入活性物质的质量，设置循环统计方式为正常。开始充放电测试，然后根据数据绘制出循环圈数与比容量曲线图，分析电池的电化学性能。

2.5.5 思考题

掌握三元电极材料的制备流程、物料平衡计算理论、工艺参数优化方法、电池组装流程及电化学性能测试，需要注意材料的配比反应条件以及计算。

2.6 高温固相法制备磷酸铁锂/碳材料及其性能研究实验

锂离子电池在动力电池和储能电池等领域的应用越来越广泛。这就对锂离子电池电极材料尤其是正极材料在高温稳定性和安全性等方面提出了更高的要求。橄榄石结构的 $LiMPO_4$ 材料在安全性和热稳定性方面具有非常独特的优势。在 $LiMPO_4$ 体系中，$LiFePO_4$ 价格便宜、来源丰富、性能优越，是极具应用价值的一类锂离子电池正极材料。

$LiFePO_4$ 为斜方晶系橄榄石结构，属于 *Pnma*（62）空间群，晶格常数为 $a=10.33$、$b=6.01$、$c=4.693$。$LiFePO_4$ 具有很好的热稳定性，这是 $LiFePO_4$ 结构中较强的 P—O 键决定的。$LiFePO_4$ 中 P—O 键形成离域的三维立体化学键。在常压空气气氛中，$LiFePO_4$ 加热到 200℃仍能保持稳定。

$LiFePO_4$ 作为锂离子电池正极材料，具有 170mA·h/g 的理论比容量。在自然界中，$LiFePO_4$ 以磷铁锂矿形式存在（triphylite），但是其杂质含量较高，不适合直接用作锂离子电池正极材料。用于锂离子电池正极材料的 $LiFePO_4$ 一般由人工合成。

继 Padhi 等人首次在实验室利用高温固相法合成了 $LiFePO_4$ 后，人们又不断探索了多种合成 $LiFePO_4$ 的方法。制备 $LiFePO_4$ 的传统方法包括固相法和液相法两大类：其中固相法包括高温固相烧结法、机械化学法（或称高能球磨法）、碳热还原法、微波法等；液相法包括共沉淀法、溶胶凝胶法、乳液干燥法等。液相法制备的 $LiFePO_4$ 材料颗粒较细、纯度较高，相对来说性能比较优越，但是流程复杂。固相法制备 $LiFePO_4$ 通常适用于工业上大规模制备。

2.6.1 实验目的

(1) 掌握高温固相法制备储能材料的方法。

(2) 掌握 $LiFePO_4$ 材料的合成、结构和性能。

2.6.2 实验原理

高温固相法操作流程简单，是制备锂离子电池正极材料比较成熟的方法。高温固相法制备 $LiFePO_4$的基本流程是将铁盐、锂盐和磷酸盐混合，混合物先在较低温度（300℃左右）加热除去挥发性物质，然后在较高温度下烧结得到完整 $LiFePO_4$晶体，热处理过程一般在 N_2或 Ar 气氛下完成，以防止 Fe^{2+}氧化成 Fe^{3+}。高温固相法的优点就是操作简单、容易实现量产化。但由于需要在高温下烧结较长时间，能耗大，成本比较高；高温固相法得到的 $LiFePO_4$颗粒一般比较大。研究结果表明，热处理时温度对 $LiFePO_4$产物颗粒影响很大，温度过高，容易引起烧结结块。如适当降低烧结温度及向 $LiFePO_4$ 中添加碳颗粒，可以减小产物粒度。

由于制备 $LiFePO_4$的亚铁盐价格相对于三价铁盐高，因此，研究者考虑选择廉价的 Fe^{3+}盐作为铁源制备 $LiFePO_4$，如 Fe_2O_3、$FePO_4$等，在制备过程中加入一定量的还原剂即可制得 $LiFePO_4$。但是必须控制好条件，否则产物中很容易残留 Fe^{3+}盐，影响 $LiFePO_4$的性能。

高温固相法制备 $LiFePO_4$流程简单，但是经常会出现 Li_3PO_4、Fe_2P 等杂质，不同体系的原料产生杂质的机理可能不同，目前缺乏该方面的系统研究。避免出现杂质可采用还原性气氛，或者向原料中加入少许具有还原作用的物质，如碳等。

2.6.3 实验药品与仪器

实验主要试剂：锂源 $LiOH \cdot H_2O$，铁源包括 $FeC_2O_4 \cdot 2H_2O$ 等，磷源为 $NH_3H_2PO_4$，碳源使用了葡萄糖。

实验主要设备：程控卧式炉，XRD 测试仪，扫描电镜，蓝电测试仪，辰华电化学工作站。

2.6.4 实验步骤

实验步骤为：

（1）将锂源、铁源、磷源等原料按化学式计量比混合，按一定的顺序加入球磨罐中，以乙醇为介质球磨混合数小时。取出后，自然干燥待乙醇挥发完毕。

（2）将球磨好的原料放入程控卧式炉中，在 350~450℃下加热数小时；冷却后取出再次球磨若干小时，然后放入卧式炉中高温焙烧 24h。

（3）高温固相烧结过程在卧式炉中进行，该卧式炉控温范围是室温至 1200℃。

（4）将烧结好的 $LiFePO_4/C$ 材料分成两部分，一部分用于测试材料的结构，形貌等性质；一部分用于装配扣式电池，测试电化学性能。

（5）电池装配：采用的活性物质质量比为 $LiFePO_4$ ：乙炔黑：PVDF 为 85%：8%：7%，以 NMP 为溶剂，通过磁力搅拌制成均匀溶液，涂布在铝箔上，在 120℃真空烘箱中烘干，备用。在充满氩气的手套箱中，以金属锂片为负极，采用含 1mol/L $LiPF_6$的 EC：DMC（体积比 1：1）有机溶液作为电解液，装配成 CR2025 型扣式电池；电池的恒电流充放电测试在蓝电电池测试系统（量程 5V/5mA）上进行。在 CHI660E 电化学工作站上测试交流阻抗和循环伏安曲线。

（6）XRD 主要用来表征晶体的结构、相组成等物理特性。本实验中，主要用它来表征 $LiFePO_4$的晶体结构及不同元素掺杂、不同包覆条件等对其结构的影响。

（7）SEM 主要用来观察在不同条件下制备的 $LiFePO_4$材料的颗粒度和表面形貌的变化，不同的碳源包覆对颗粒度的影响。

（8）观察样品的精细结构，当加速电压达到 100KV 时，仪器的微小分辨区域可达 0.1~0.2nm。样品的制备：将样品以乙醇为介质，在超声波中分散 30min 左右，然后吸取上清液，滴在样品台上以铜网支撑的聚合物薄膜上观察 $LiFePO_4$ 颗粒表面碳的状态。

2.6.5 实验数据与处理

实验数据与处理：

（1）根据 XRD 测试结果判断高温固相法合成 LiFePO4/C 材料的晶体结构。

（2）根据 SEM 结果观察合成材料的表面形貌。

（3）根据 TEM 照片判断碳的包覆是否成功和均匀。

（4）根据充放电测试、循环伏安和交流阻抗等电化学性能判断碳包覆对 LiFePO4 材料性能的影响。

2.6.6 思考题

利用高温固相反应制备 $LiFePO_4$ 材料时，影响其性能的因素主要有哪些?

2.7 溶胶凝胶法制备镍掺杂硅酸锰锂正极材料实验

正硅酸盐 Li_2MnSiO_4材料是一种极具应用前景的锂离子电池正极材料。它拥有较高的工作电压、良好的热力学稳定性，对环境友好且原料资源丰富。在最近几年的研究中，其循环性能和放电比容量得到了较大的提升。

该材料本身具有电子电导率较低和晶体结构不稳定等缺点，这些缺点会降低材料的倍率性能，还会造成材料可逆容量的损失。离子掺杂、材料纳米化和表面碳包覆是提高材料电化学性能的主要几种方法。

目前所采用的主要改性方法是对此材料进行离子掺杂，通过掺杂其他金属离子在 Li_2MnSiO_4材料中的 Li 位或者 Mn 位，从而能够抑制在充放电过程中材料的结构所发生的不可逆转性改变。目前已经有过研究的元素包括：在 Mn 位掺杂 V 元素、Fe 元素和 Al 元素等。此外，阴离子掺杂也被证实具有较好的性能改善效果。

2.7.1 实验目的

（1）掌握硅酸锰锂材料结构、合成和电化学性能。

（2）掌握溶胶凝胶法的原理和具体流程。

2.7.2 实验原理

溶胶凝胶法属于湿法化学方法，能够制备出纳米级别的颗粒。经常使用冰乙酸、酒石酸及柠檬酸等作为有机催化剂，再加入一定量的有机醇，在催化剂和有机醇的条件下，原料中的正硅酸四乙酯会水解成多孔状的 SiO_2，作为 Si 源；然后再加入锰源和锂源，在特定温度下水浴一段时间，可以得到凝胶前驱体；将前驱体干燥后研磨成粉，置于惰性气氛下煅烧一定的时间后，即可以得到硅酸锰锂材料。通过此方法可以获得均匀性较好的纳米颗粒，进而能够提高材料的电化学性能，其缺点是制备过程复杂、经济性差，不利于规模化生产。

柠檬酸-溶胶凝胶法是较早用来制备硅酸锰锂的一种方法，此方法是将单分子或小分子的无机或有机化合物经过原料溶解、形成溶胶、干燥、凝胶等过程之后，形成大分子聚集体，最后经过热处理过程制备材料。该方法的优点是：原料混合均匀、反应容易进行和产物粒径小且均匀等。较多研究者使用溶胶凝胶法制备硅酸锰锂材料，制备过程为：将锂源、锰源、硅源和醇类溶剂等原料（按照一定的比例）用去离子水溶解，恒温水浴数小时后形成溶胶，再干燥形成凝胶，研磨之后煅烧即得到晶型较好的硅酸锰锂材。

2.7.3 实验药品与仪器

实验主要试剂：$(CH_3COO)_2Ni\cdot 4H_2O$，$CH_3COOLi\cdot 2H_2O$，$(CH_3COO)_2Mn\cdot 4H_2O$，柠檬酸，正硅酸四乙酯，无水乙醇，N-甲基吡咯烷酮（NMP），聚偏二氟乙烯（PVDF）。

实验主要设备：天平，真空干燥箱，程序控制管式炉，蓝电测试仪，辰华电化学工作站 CHI660E，XRD 测试仪、扫描电镜、透射电镜。

2.7.4 实验步骤

实验步骤为：

（1）根据掺杂元素镍和锰元素的摩尔比不同（0%，2%，4%，6%，8%），向容器中加入不同量的$(CH_3COO)_2Ni \cdot 4H_2O$，再称取一定量的$CH_3COOLi \cdot 2H_2O$、$(CH_3COO)_2Mn \cdot 4H_2O$、柠檬酸（催化剂）和蒸馏水于容器中，然后在磁力搅拌器上缓慢搅拌，直到原料溶解。

（2）当溶液变澄清后，再加入一定量的正硅酸四乙酯和无水乙醇（有机溶剂）的混合溶液，将容器口密封，在密闭回流系统中恒温80℃水浴15h，再逐渐加热使溶液蒸发慢慢变成透明溶胶。

（3）将溶胶置于真空干燥箱120℃干燥10h，得到干凝胶，研磨1h后置于瓷方舟。

（4）在管式炉中750℃下保温10h，最终得到$Li_2Mn_{1-x}Ni_xSiO_4$（x=0，0.02，0.04，0.06，0.08）材料。

（5）将得到的材料分成两部分，一部分用于测试材料的电化学性能，一部分用于测试材料的晶体结构、形貌等性能。

（6）电池装配流程：以N-甲基吡咯烷酮（NMP）为溶剂，聚偏二氟乙烯（PVDF）为溶质配成浓度为0.025g/mL的溶液，作为黏结剂；再将所制备的活性材料硅酸锰锂粉末、导电剂乙炔黑、黏结剂按质量比8∶1∶1的比例混合，在磁力搅拌器上搅拌2h，通过涂布器将均匀混合的浆料涂覆在铝箔（集流体）上，于100℃烘箱中放置4h，制得硅酸锰锂电极片。使用模具冲片机将电极片裁剪成直径为14mm的圆形片，作为正极片。将正极片在100℃的烘箱中干燥2h，然后放入充满惰性气体的手套箱中，以金属锂片作为负极片，1mol/L的$LiPF_6$（EC/DMC/EMC，1∶1∶1，W/W/W）溶液为电解液，Celgard2400微孔聚丙烯膜作为隔膜，加上泡沫镍，装配成CR2016纽扣式半电池。用封口机将装配好的电池封口，静置8h后对其进行电化学性能测试。采用蓝电LAND电池测试系统CT2001A作为充放电测试仪器。测试温度为25℃，测试电压范围为1.5~4.8V。采用CHI660E型电化学工作站（上海辰华仪器公司）进行电化学阻抗测试，研究硅酸锰锂材料改性前后的电化学阻抗和锂离子扩散系数。测试频率区间为0.1Hz~100kHz，交流电压信号振幅为5mV。

（7）采用Bruker公司型号为D8 Advance型X射线衍射仪对所合成的材料结构进行表征分析，辐射源是Cu-$K\alpha$，波长λ=0.15418nm，扫描范围（2θ角）在10°~80°，步长为0.02°，扫描速率为2θ/min，管电压为40kV，管电流为50mA。实验中，主要对纯相及元素掺杂后的硅酸锰锂材料粉末进行XRD测试，通过观察衍射峰强度及衍射峰位偏移大小来分析材料的结晶程度及晶型变化。

（8）采用SU1500型扫描电子显微镜SEM（日立，日本）对所合成硅酸锰锂材料的颗粒大小及表面形貌进行观察，可以看出掺杂改性前后材料的形貌和颗粒大小的区别。

(9) 采用 JEM-2100 型透射电子显微镜 TEM（JEOL，日本）对纯 Li_2MnSiO_4 及元素掺杂 Li_2MnSiO_4 纳米颗粒进行微观形貌观察，同时计算掺杂前后材料的晶格间隙，可以看出元素掺杂后对于硅酸锰锂晶格参数的影响。

(10) 采用美国物理电子公司的 PHI-5700-ESCA 型 X 射线光电子能谱仪，主要用于研究分析样品中元素的种类和价态。X 射线光源为 Al $K\alpha$(1486.60eV)，分析室真空度为 1×10^{-8}Pa，并以 ^{13}C 作参比用来谱图能量校正。

(11) 采用德国 Bruker 公司生产的 VERTEX 70 型拉曼光谱，主要用于分析样品中碳的无序化程度（激光波长为 532nm）。

2.7.5 实验数据与处理

实验数据及处理：

(1) 将 XRD 数据作图，与标准卡片对比，分析是否获得了 Li_2MnSiO_4 材料；与标准数据对比，观察是否有杂质峰的出现，判断掺杂元素是否成功掺入。根据 XRD 精修数据分析材料所属晶系和具体的晶胞参数。

(2) 根据 SEM 照片观察所得到的样品颗粒度大小，判断不同合成条件、不同掺杂量对材料形貌的影响。通过 TEM 图片观察材料的晶格条纹和晶格尺寸等。

(3) 根据电化学测试数据分析材料的电化学性能，比较不同掺杂量条件下得到材料的放电比容量大小、倍率性能、循环性能等电化学性能的优异。

2.7.6 思考题

(1) 合成的 Li_2MnSiO_4 材料的形貌受哪些因素的影响?

(2) 合成的 Li_2MnSiO_4 材料的放电比容量、倍率性能和循环稳定性受哪些因素影响比较大?

2.8 水热法制备高镍正极材料及其电化学性能研究实验

2.8.1 实验目的

(1) 了解水热法合成高镍正极材料的过程和方法。

(2) 了解高镍正极材料的结构特点。

(3) 掌握高镍正极材料的电化学性能测试方法。

2.8.2 实验原理

2.8.2.1 水热法原理

水热法是指一种在密封的压力容器中，以水作为溶剂、粉体经溶解和再结晶制备材料的方法。相对于其他粉体制备方法，水热法制得的粉体具有晶粒发育完整，粒度小，且分布均匀，颗粒团聚较轻，可使用较为便宜的原料，易得到合适的化学计量物和晶形等优点。尤其是水热法制备陶瓷粉体无须高温煅烧处理，避免了煅烧过程中造成的晶粒长大、缺陷形成和杂质引入，因此所制得的粉体具有较高的烧结活性。

水热法是一种在密闭容器内完成的湿化学方法，与溶胶凝胶法、共沉淀法等其他湿化学方法的主要区别在于温度和压力。水热法通常使用的温度在130~250℃之间，相应的水的蒸气压是0.3~4MPa。与溶胶凝胶法和共沉淀法相比，其最大优点是一般不需高温烧结即可直接得到结晶粉末，避免了可能形成微粒硬团聚，也省去了研磨及由此带来的杂质。水热过程中通过调节反应条件可控制纳米微粒的晶体结构、结晶形态与晶粒纯度。既可以制备单组分微小单晶体，又可制备双组分或多组分的特殊化合物粉末。可制备金属、氧化物和复合氧化物等粉体材料。所得粉体材料的粒度范围通常为0.1μm至几微米，有些可以达到几十纳米。

2.8.2.2 水热法优点

水热与溶剂热法的反应物活性得到改变和提高，有可能代替固相反应，并可制备出固相反应难以制备出的材料，即克服某些高温制备不可克服的晶形转变、分解、挥发等。能够合成熔点低、蒸气压高、高温分解的物质。水热条件下中间态、介稳态以及特殊相易于生成，能合成介稳态或者其他特殊凝聚态的化合物、新化合物，并能进行均匀掺杂。

相对于气相法和固相法水热与溶剂热的低温、等压、溶液条件，有利于生长缺陷极少、取向好的晶体，且合成产物结晶度高以及易于控制产物晶体的粒度。所得到的粉末纯度高、分散性好、均匀、分布窄、无团聚、晶型好、形状可控、利于环境净化等。

2.8.2.3 水热法的不足

水热法一般只能制备氧化物粉体，关于晶核形成过程和晶体生长过程影响因素的控制等很多方面缺乏深入研究，还没有得到令人满意的结论。

水热法需要高温高压步骤，使其对生产设备的依赖性比较强，这也影响和阻碍了水热法的发展。因此，水热法有向低温低压发展的趋势，即温度低于100℃，压力接近1个标准大气压的水热条件。

水热法按反应温度分类可分为低温水热法，即在100℃以下进行的水热反应；中温水热法，即在100~300℃下进行的水热反应；高温高压水热法，即在300℃以上、0.3GPa下进行的水热反应。

水热法按设备的差异分类，可分为“普通水热法”和“特殊水热法”。所谓“特殊水热法”是指在水热条件反应体系上再添加其他作用力场，如直流电场、磁场（采用非铁电材料制作的高压釜）和微波场等。

根据研究对象和目的的不同，水热法可分为水热晶体生长、水热合成、水热反应、水热处理、水热烧结等，典型的反应有如下类型：水热氧化、水热沉淀、水热合成、水热还原、水热分解、水热晶化。

2.8.3 实验药品与实验器材

所需主要药品有：氢氧化锂、乙酸钴、乙酸镍、乙酸锰、硝酸锂、尿素、钛酸四丁酯、草酸铌、CTAB、SDBS、乙炔黑、PVDF、电解液（$LiPF_6$/EC+DMC+EMC（1∶1∶1 W/W））。

所需设备见表 2-9。

表 2-9 实验所用的仪器

仪器名称	厂 家	型 号
电子天平（万分之一）	美国奥豪斯	CP124C
磁力搅拌器	上海司乐仪器	B11-3
高压反应釜	西安洪辰仪器	100mL PPL
鼓风干燥箱	上海精宏实验设备有限公司	DHG-9203A
电子天平（十万分之一）	德国赛多利斯	Secura225D-1CN
球磨机	米淇仪器设备有限公司	YXQM-0.4L
超声波清洗机	深圳歌能清洗设备有限公司	G-040
冲片机	添加特鲁斯科技有限公司	Y-8T
管式电阻炉	天津中环实验电炉有限公司	SK-G06123K
纽扣电池封口机	深圳明锐祥自动化设备有限公司	MRX-SF120
电化学工作站	上海辰华仪器有限公司	CH660E
蓝电测试系统	武汉蓝电电子有限公司	CT2001A
XRD 粉末衍射仪	德国 Bruker 公司	D8 Advance

2.8.4 实验步骤

采用水热法制备花状 $Ni(OH)_2$，首先将 1.5g 硝酸镍和 0.25g CTAB 溶于 25mL 去离子水和 25mL 乙醇的混合溶液中搅拌均匀。加入一定量的尿素（硝酸镍与尿素的摩尔比例分别为 1∶2、1∶3、1∶5、1∶10、1∶15）搅拌至溶解，将完全混合的溶液转移至 100mL 的聚四氟乙烯反应釜中，加热至 120℃保温 15h。将沉淀物洗涤数次并烘干，得到纳米花状的 $Ni(OH)_2$，标记为 NF0、NF1、NF2、

NF3、NF4。其中 NF0 和 NF4 前驱体含有杂相，因此不作为合成材料的前驱体使用。将 $Ni(OH)_2$ 前驱体按化学式计量比 8∶1∶1 与锰源、钴源和锂源（过量 5%）液相混合，置于氧气气氛的管式炉中 500℃烧结 5h，800℃烧结 15h，得到制备的高镍三元材料，用 NF1、NF2、NF3 前驱体合成的高镍三元材料标记为 NCM-NF1、NCM-NF2、NCM-NF3。

将制备好的高镍三元正极材料、乙炔黑、PVDF（黏结剂），按质量比 8∶1∶1 的比例均匀混合，并加入适量 N-甲基吡咯烷酮，置于球磨罐中球磨 2h 使其混合均匀，接着将搅拌好的浆料均匀地涂在铝箔粗糙的一面上，放于干燥箱中 80℃烘干，转移至真空干燥箱中 100℃继续干燥 9h，得到正极极片。

用冲片机将极片压成半径约为 14mm 的圆片，称量质量，按正极壳、正极极片、隔膜、锂片、泡沫镍，最后负极壳的顺序在氩气手套箱中组装电池，每一步之间滴加适量电解液使其充分浸润，最后放入封口机中对纽扣电池封口，静置过夜后进行充放电测试以及其他测试。其中，本实验中纽扣电池使用的隔膜为 Celgard 2400 微孔聚丙烯薄膜，电解液为体积比为 1∶1∶1 的 EC+DMC+DEC 的混合溶液中溶解 1mol/L $LiPF_6$，锂片作为对电极，泡沫镍作为垫片。

2.8.5 实验结果与数据处理

实验结果与数据处理：

(1) 根据 XRD 数据，利用 origin 软件作图，与标准卡片对比，分析是否成功获得了三元正极材料；与标准数据对比，观察是否有杂质峰的出现。根据 XRD 精修数据分析材料所属晶系和具体的晶胞参数。

(2) 根据 SEM 照片观察所得到的样品的颗粒度大小，判断不同合成条件、不同掺杂量对材料形貌的影响。通过 TEM 图片观察材料的晶格条纹和晶格尺寸等。

(3) 根据电化学测试数据分析材料的电化学性能，比较不同掺杂量条件下得到材料的放电比容量大小、倍率性能、循环性能等电化学性能的优异。

2.8.6 思考题

(1) 三元正极材料的形貌受哪些因素的影响？

(2) 三元正极材料的结构稳定性受哪些因素的影响？

2.9 多孔硅负极材料的制备及其电化学性能测试实验

2.9.1 实验目的

(1) 了解多孔硅负极材料的制备方法。

(2) 熟悉相关仪器设备的使用。

(3) 熟悉电化学性能的测试方法。

(4) 了解多孔硅材料在锂离子电池中的作用。

2.9.2 实验原理

与其他负极材料相比，硅负极材料的优势包括：

(1) 储量丰富，在地壳中含量仅次于氧，属于第二大丰富的元素。

(2) 比容量高：硅材料的比容量高达4200mA·h/g，而目前常用的碳材料的理论比容量为372mA·h/g。

(3) 放电电位低。

但是硅材料也有比较明显的缺点：

(1) 体积膨胀效应严重：当锂离子嵌入硅材料、形成锂硅合金时，约有300%~400%的体积膨胀，这样的体积膨胀会导致硅负极材料在充放电过程中快速粉化，严重影响材料的电化性能，影响材料和电池的循环寿命。

(2) 导电性较差：硅材料是一种介于半导体和金属之间的材料，导电性较差。在作为电极材料时，会由于较差的导电性产生严重的极化效应，影响容量的放出。

因此，通常需要对硅负极材料进行结构设计以缓解其体积效应；通过碳包覆等方法提高其电导率。本实验即通过多孔硅材料的制备和碳的表面包覆等方法来克服其体积效应以及提高其电导率。

以 Mg_2Si 为原料制备 Si 材料，Mg_2Si 中的镁元素在一定的条件下很容易被氧化，形成 Mg_2O。而硅材料则在一定的条件下可在其表面生成一层 SiO_2 保护膜，阻止硅的进一步氧化，可以利用这一点，控制一定的氧化条件，使 Mg_2Si 中的镁全部氧化，而将硅剩下，获得想要的硅材料。

2.9.3 实验方法

2.9.3.1 多孔硅碳复合材料制备

实验流程为：硅化镁在可控氧化条件下反应，生成氧化镁和单质硅，然后在盐酸中酸洗，获得多孔硅材料；接下来在多孔硅的表面包覆碳材料，形成硅碳复合材料，最后进行性能表征和电化学测试。

(1) 预处理：称取3g的 Mg_2Si 粉末作为原料制备 Si 材料，装入不锈钢球磨罐中，同时加入适量的酒精进行稀释。以4∶1的球料比在高能球磨机中进行球磨，球磨时间为4h，球磨机转速为200r/min。将球磨后的样品放入真空烘箱中，烘干后取出，备用。

(2) 热处理：称取1g的样品，装入刚玉舟中，反应前产物为蓝紫色。将刚玉舟放入温区正中间，两侧加上管堵。开启管式炉电源并进行加热程序设定，使得样品在管式炉中以 5℃/min 的速率加热至 600℃，然后保温 10h 之后自然冷却，气体氛围为空气。反应结束后，关闭电源，依次取出管堵和刚玉舟。反应后的产物为棕黄色。

（3）酸洗：将反应后产物加入稀盐酸中进行酸洗。将适量稀盐酸装入烧杯，加入磁力子和样品在磁力搅拌器上搅拌。用盐酸清洗样品的目的是去除样品表面的 MgO、CuO 等杂质，形成多孔硅的结构。然后将清洗后的样品进行离心超声，一次离心后将上层溶液倒掉，再加入水离心，反复 2~3 次，然后在真空烘箱中烘干，取出，研磨备用。

（4）包碳过程：称取一定质量的粉末，在管式炉中以 5℃/min 的速率加热到 650℃，然后保温 3h 后自然冷却，气氛为乙炔与氮气的混合气体（体积比为 1：10）。将包覆碳的样品研磨备用。

2.9.3.2 电化学性能测试

电化学性能测试步骤为：

（1）SEM 测试：在铜片上黏附碳胶，碳胶上黏附多孔硅粉，制备样品后放入真空室观察。

（2）扣式电池的组装：以硅碳多孔材料作为负极，金属锂箔作为正极，$LiPF_6$的碳酸乙烯酯/二甲基碳酸脂溶液作为电池的电解液，以微孔聚丙烯膜为电池隔膜，在蓝电充放电测试仪上，模拟电池恒流充放电，测试硅碳负极材料的循环寿命、可逆容量、高倍率充放电性能、初始库伦效率等电化学性能。

2.9.4 实验结果与分析

实验结果分析：

（1）从 SEM 照片中能够观察到多孔硅的孔洞结构。

（2）电化学性能测试：可以看到硅材料有良好的充放电性能。

2.9.5 思考题

多孔硅材料的性能主要由哪些因素决定？

2.10 多维结构钛酸锂负极材料的制备与性能测试实验

锂离子电池作为一种新型的储能装置，有着环保、清洁、可再生等一系列优势，此外，其高能量密度、长使用寿命、高平台电压、安全可靠等优点都使得其成为当下研究的热点。目前锂离子电池已经被广泛应用于便携电脑、智能手机、电动交通工具、储能等多个领域。

作为锂离子电池中重要的一部分，负极材料在很大程度上决定了电池的整体性能。目前使用较为广泛的商业负极材料多以石墨碳为主，然而石墨材料存在着很多问题（循环过程中体积膨胀导致的安全问题、析锂导致的容量不可逆损失问题），所以很难满足锂离子电池日益增长的需求，这也极大限制了锂离子电池进一步的发展。尖晶石型钛酸锂具有独特的“零应变”特性可以有效限制循环过程中材料的体积膨胀，此外其拥有较高的电压平台可以有效避免锂枝晶的形成，极大提升了电池整体的安全性，是一种极具潜力的负极材料。

尖晶石型钛酸锂是一种 *Fd3m* 空间群和立方对称的尖晶石结构晶体，嵌锂电位为 1.55V。在其晶胞中，3 个 Li 占据了 8a 的位置，剩余的一个 Li 和 Ti 占据了 16d 位置，因此也可以将 $Li_4Ti_5O_{12}$写为 Li(8a)[$Li_{1/3}Ti_{5/3}$](16d)O_4(32e)，当放电时，位于 8a 的 3 个 Li 转移到 16c 的位置，从晶格常数为 0.83595nm 的 $Li_4Ti_5O_{12}$变为晶格常数为 0.83538nm 的 $Li_7Ti_5O_{12}$，这意味着其晶胞的体积变化只有 0.2%，因此也称其为“零应变”材料。此外 $Li_4Ti_5O_{12}$还具有较高的电位（1.55V vs Li/Li^+），不易形成锂枝晶，可有效防止电池出现短路现象，具有较高的安全性。

尽管 $Li_4Ti_5O_{12}$有着诸多优势，但是也存在一些问题。限制 $Li_4Ti_5O_{12}$进一步发展的主要原因有两方面：（1）其导电性较差，电导率仅有 10^{-13}S/cm；（2）其离子扩散慢，离子扩散系数约为 $1\times10^{-9}\sim1\times10^{-13}$ cm^2/s。这些都限制了其在大电流下的电化学性能。

为了改善 $Li_4Ti_5O_{12}$的导电性，常见的改性方法有离子掺杂和表面包覆。一般的离子掺杂即引入高价态的离子替代 Li^+或 Ti^{4+}的位置或者引入低价态离子替代 O^{2-}位置，通过电荷补偿原理产生 Ti^{4+}/Ti^{3+}混合物增加电子浓度。此外，离子掺杂还会引起 $Li_4Ti_5O_{12}$的晶格扭曲，在晶格中形成新的缺陷，改变了离子传导时产生的阻力，从而进一步影响电池的性能。常见掺杂的阳离子有 Mg^{2+}、Al^{3+}、Ta^{5+}、W^{6+}等，常见掺杂的阴离子有 F^-、Cl^-、Br^-等。除了使用单离子对 $Li_4Ti_5O_{12}$进行掺杂以外，还可以使用两种不同的离子对 $Li_4Ti_5O_{12}$进行共掺杂，如 K^+和 Fe^{3+}、Mg^{2+}和 F^-、Na^+和 Zr^{4+}、Ni^{2+}和 Mn^{2+}等。无论是通过哪一种掺杂手段对 $Li_4Ti_5O_{12}$改性，都可以有效改善其大倍率下的电化学性能。

除了掺杂，包覆改性也是常用于提升 $Li_4Ti_5O_{12}$导电性的一种手段。包覆改性包括碳包覆、金属复合物包覆、通过形成新表面相包覆等。碳包覆是最简单的一种方法，即通过引入高导电性的碳材料与 $Li_4Ti_5O_{12}$复合。当这些碳材料煅烧时分解包覆在 $Li_4Ti_5O_{12}$表面形成碳膜，碳膜的形成可以有效抑制团聚现象，此外还可以减小 $Li_4Ti_5O_{12}$与电解液间的界面阻抗，进一步提升材料的电化学性能。常见用于包覆的碳材料包括蔗糖、葡萄糖、柠檬酸、乙炔黑等。此外，许多高分子有机物也是很好的碳源，如聚苯胺，聚多巴胺，聚吡咯、聚噻吩等。还有一些具有独特结构的碳材料如石墨烯、碳纤维、碳纳米管等也被常用作碳包覆材料。除了碳包覆之外，通过引入金属元素形成 $Li_4Ti_5O_{12}/M$（M 为 Au、Cu、Ag）也可以极大提升材料的导电性。这种方法类似于离子掺杂，但是区别在于金属离子不会进入晶格结构。此外，合成新的导电相也是提高 $Li_4Ti_5O_{12}$ 材料导电性的一种手段。比如表面氮化可以使 $Li_4Ti_5O_{12}$ 表面原子和氮原子形成化学键，在 $Li_4Ti_5O_{12}$ 表面附着一层致密电子层，有效提升材料的导电性。

2.10.1 实验目的

（1）掌握钛酸锂材料的基本合成方法。

（2）掌握钛酸锂材料的表面包覆改性方法。

（3）掌握负极材料电化学性能分析方法。

2.10.2 实验原理

以“零应变”特性而闻名的尖晶石型钛酸锂（$Li_4Ti_5O_{12}$）具有极其优异的循环稳定性，此外 $Li_4Ti_5O_{12}$ 还具有较高的电位（1.55V，Li/Li^+）不易形成锂枝晶，可防止电池出现短路，具有较高的安全性，是较为理想的新型锂离子电池负极材料之一。但是由于其导电性差（电导率为 10^{-13} S/cm）、离子扩散慢（离子扩散系数为 $1\times10^{-9}\sim1\times10^{-13}$ cm^2/s），严重制约了其在大倍率充放电下的电化学性能。将钛酸锂材料与柔性电极结合成为一种有效的手段。钛酸锂具有“零应变”特性，应用于柔性电极可以极大改善材料的循环稳定性，提升整体柔性电池的安全性。此外用于柔性电极的成膜剂或基底多以碳管、石墨烯、碳布等高导电性的材料为主，这可以有效改善钛酸锂的导电性。

其中两种思路被广泛使用。一种是通过原位生长将活性材料附着到基底表面。另一种是使用一些具有良好导电性和力学性能的低维材料（例如石墨烯和碳纳米管）作为基底，并通过简单的物理混合方法将其与活性物质结合。大量的实验工作充分证明了钛酸锂材料与柔性电极复合工作的有效性，但是单一基底已经不再能够满足柔性电池日益增长的需求，而复合基底的构造可以为柔性电极的制备提供更多的可能性。

本实验提供了一种简单的方法通过物理混合将经过剥离后得到的少层碳化钛（Ti_3C_2s）和碳纳米管（CNTs）结合在一起，并以 $Li_4Ti_5O_{12}$-TiO_2 作为活性材料，制备了一种 Ti_3C_2s/CNTs/$Li_4Ti_5O_{12}$-TiO_2 自支撑柔性电极，并研究所制备的柔性电极的电化学性能。

2.10.3 实验材料

表 2-10 和表 2-11 分别列出了所需的主要试剂和仪器。

表 2-10 实验所需主要药品

试剂名称	分子式	等 级
氢氧化钾	KOH	分析纯
钛酸四丁酯	$(C_4H_9O)_4Ti$	分析纯
一水合氢氧化锂	$LiOH \cdot H_2O$	分析纯
双氧水	H_2O_2	分析纯
十六烷基三乙基溴化铵	$C_{16}H_{33}(CH_3)_3NBr$	分析纯
碳铝钛	Ti_3AlC_2	98%
氢氟酸	HF	分析纯
十二烷基苯磺酸钠	$C_{18}H_{29}NaO_3S$	分析纯
氟化锂	LiF	分析纯
氢氧化钠	NaOH	分析纯
聚乙烯吡咯烷酮	$(C_6H_9NO)_n$	分析纯
N-甲基吡咯烷酮	C_5H_9NO	分析纯
聚偏二氟乙烯	$-(C_2H_2F_2)-$	工业级
超导乙炔黑	C	工业级
电解液	1mol/L $LiPF_6$/ EC+DMC+EMC (1∶1∶1)	分析纯

表 2-11 实验所用的仪器

仪器名称	厂 家	型 号
电子天平（万分之一）	美国奥豪斯	CP124C
电子天平（十万分之一）	德国奥多利斯	Secura225D-1CN
磁力搅拌器	上海司乐仪器	B11-3
鼓风干燥箱	上海精宏设备有限公司	DHG-9203A
管式电阻炉	天津中环电炉有限公司	SK-G06123K
球磨机	米淇仪器设备有限公司	YQXM-0.4L
超声波清洗仪	深圳歌能清洗设备有限公司	G-040
冲片机	特鲁斯科技有限公司	Y-8T
电化学工作站	上海晨华有限公司	CHI1000E
蓝电测试系统	武汉蓝电有限公司	CT2001A
XRD 衍射仪	日本理学公司	D/max 2500
热重分析仪	耐驰科学仪器有限公司	STA449F3
孔径分析仪	麦克莫瑞提克仪器有限公司	ASAP2460

续表 2-11

仪器名称	厂　　家	型　　号
X 射线光电子能谱仪	赛默飞世尔科技	K-Alpha
扫描电子显微镜	日立集团	S-4800
透射电子显微镜	日本电子株式会社	2100F
高低温试验箱	重庆银河试验仪器有限公司	CT4005

2.10.4 实验步骤

实验步骤为：

（1）Ti_3C_2 的合成。通过将碳铝钛（Ti_3AlC_2）粉末与氢氟酸反应获得碳化钛（Ti_3C_2）。通常将 1.98g 氟化锂（LiF）缓慢添加到 30mL 浓盐酸中，然后继续搅拌直至 LiF 完全溶解。在 10min 内往上述溶液中加入 1g 的 Ti_3AlC_2，随后将得到的混合物在 40℃下搅拌 45h。反应完成后用去离子水和无水乙醇洗涤数次直至产物上层清液的 pH 值为 6，最终获得 Ti_3C_2。

（2）Ti_3C_2s 的合成。通过从 Ti_3C_2 剥离获得 Ti_3C_2s。通常将 Ti_3C_2 溶解在水中以形成均匀溶液（每 250mL 水中 1g Ti_3C_2），然后超声处理半小时。随后将混合物在 3500r/min 下离心 1h 后得到深绿色的上清液，我们将其命名为 Ti_3C_2s。通过过滤一定体积的 Ti_3C_2s 并计算过滤前后滤膜的质量，可以计算出 Ti_3C_2s 的浓度约为 1mg/mL。

（3）$Li_4Ti_5O_{12}$-TiO_2 纳米棒的合成。通过简单的水热法以及质子交换得到 $Li_4Ti_5O_{12}$-TiO_2 纳米棒。将 3mL 钛酸四丁酯（TBT）滴加到 60mL 氢氧化钠溶液（10mol/L）中并搅拌半小时直到混合物反应均匀为止。然后将混合物倒入 100mL 不锈钢高压反应釜中并在 180℃下反应 24h。经水热处理后，将产物用无水乙醇和去离子水清洗数次直至上层清液的 pH 值为中性，然后将其置于 80℃的烘箱中静置 2h。随后将获得的产物倒入 50mL 盐酸（0.1mol/L）中并搅拌 24h，将混合物用无水乙醇和去离子水洗涤 3 次得到白色粉末。然后将 0.5g 上述白色粉末加入 50mL 氢氧化锂溶液（0.63mol/L）中并超声处理半小时。随后将混合物倒入 100mL 不锈钢高压反应釜中并在 100℃下反应 24h。最后将产物水洗后放入管式炉中，在空气气氛下以 2℃/min 加热至 500℃并保持 2h。

（4）Ti_3C_2s/CNTs/$Li_4Ti_5O_{12}$-TiO_2 柔性电极的合成。将一定量的 $Li_4Ti_5O_{12}$-TiO_2 纳米棒颗粒溶解在去离子水中并保持超声搅拌 10min 以形成溶液 A。然后将 5mL Ti_3C_2s 和 5mL CNTs 均匀混合以形成溶液 B（通过将碳纳米管和聚乙烯吡咯烷酮（PVP）与以一定比例溶解在去离子水中来制备 CNTs，碳纳米管的含量为 1mg/mL）。然后在磁力搅拌下将溶液 A 缓慢加入溶液 B 中，保持搅拌 30min 形成黑色混合物。使用孔径为0.45mm的滤膜进行抽滤，并将抽滤后获得的产物置于80℃的烘箱中半小时。最后将材料从滤膜上剥离下来，得到Ti_3C_2s/CNTs/$Li_4Ti_5O_{12}$-TiO_2柔性电极，将其命名为T-C-L。通过将$Li_4Ti_5O_{12}$-TiO_2的量调节至6.7mg、10mg和15mg来制备T-C-L（40%）、T-C-L（50%）和T-C-L（60%）。此外CNTs/$Li_4Ti_5O_{12}$-TiO_2柔性电极也是通过同样的方法制备的（没有添加Ti_3C_2s），将其命名为C-L（40%）。

（5）对合成的材料进行电池组装，测试电化学性能。首先将目标样品材料与导电剂（乙炔黑）和黏结剂（PVDF）按照8∶1∶1的质量比混合并加入适量NMP，待混合完全后形成黑色浆料并均匀的涂布在铜箔表面。随后将涂布好的极片平整放置于鼓风烘箱中保温8h，然后置于真空干燥箱中保存。将干燥后的极片用冲片机制备成圆片，称重后按负极壳、极片、隔膜、锂片、正极壳的顺序在手套箱中（O_2浓度为1×10^{-7}，H_2O浓度小于1×10^{-7}）组装成扣式电池，每一步之间滴加少量电解液使其充分润湿。最后将装备好的电池封口密封，静置一夜后进行下一步测试。本次实验中使用的是CR2016型正、负极壳，隔膜采用的是Celgard 2400微孔聚丙烯薄膜，电解液采用的是1mol/L $LiPF_6$溶解在体积比为1∶1∶1的EC+EMC+DMC的混合溶液。在LAND电池测试系统进行充放电测试，测试电压在1~2.5V，测试温度从室温至-30℃。在CHI1000e的电化学工作站上进行循环伏安测试，扫描速度为0.1mV/s，测试范围为1.0~2.5V。交流阻抗测试，测试的频率为1×10^{-2}~1×10^{5}Hz，交流电压振幅为5mV。

（6）对合成得到的材料进行XRD、SEM等测试。采用Rigaku公司制造的D/max 2500型号X射线衍射仪，其中辐射源为Cu-$K\alpha$、电压为40KV、电流为40mA、波长为0.15406nm。样品测试扫速为5°/min，扫描的范围是5°~80°。使用Micromeritics公司的ASAP2460型号孔径分析仪，主要用于对比改性前后材料的比表面积以及孔洞分布情况。使用Hitachi公司生产的S-4800型号扫描电镜和JEOL公司生产的2100F型号透射电镜，主要用于获得所制备样品的表面形貌以及晶格结构。

2.10.5 实验结果分析

实验结果分析：

（1）将XRD数据利用origin软件作图，根据标准卡片对比，分析材料的晶体结构和晶格参数。

（2）根据SEM照片仔细观察材料的形貌，分析不同合成条件对材料形貌的影响。

（3）根据电化学数据分析材料的放电比容量、循环寿命、倍率性能等电化学性能。

2.10.6 思考题

导电网络结构为何能够提高钛酸锂材料的倍率性能?

2.11 锡基硫化物储能负极材料的液相合成与性能研究实验

2.11.1 实验目的

(1) 掌握 SnS 材料的基本合成方法。
(2) 掌握 SnS 材料的结构特点。
(3) 掌握 SnS 负极材料电化学性能分析方法。

2.11.2 实验原理

因为 SnS 材料高的理论容量，利于锂离子传输的特殊的层状结构，SnS 在锂离子电池负极材料的应用方面具有很大潜力。然而，SnS 也有其自身的局限性，即其较差的导电性和巨大的体积膨胀。纯的 SnS 纳米材料作为锂离子电池负极材料的性能较差。为了改善其性能，主要的方法有两种。首先是形貌控制，制备具有复杂纳米结构的 SnS 纳米材料，如制备三维的纳米花，其性能能得到一定的改善，这主要是由于复杂纳米结构利于锂离子在电极材料中的传输，缓解充放电过程中的体积膨胀。其次是将纳米材料与碳基材料复合，也是解决这个问题的一个有效并且简便的途径。本实验主要是分为 SnS 与 Ti_3C_2 及其性能研究。

2.11.3 实验材料

所使用材料和实验仪器见表 2-12 和表 2-13。

表 2-12 实验中所用的主要试剂

试剂名称	分子式	规　格
乙炔黑(Super-P)	C	工业级
N-甲基吡咯烷酮(NMP)	C_5H_9NO	分析纯
聚偏二氟乙烯(PVDF)	$—(C_2H_2F_2)_n—$	工业级
电解液	EC/DMC/EMC 1 : 1 : 1 (W/W/W) $LiPF_6$ 1mol/L	LB-315

续表 2-12

试剂名称	分子式	规　格
无水乙醇	CH_3CH_2OH	分析纯
硫脲	CH_4N_2S	分析纯
二氯化锡，二水	$SnCl_2 \cdot 2H_2O$	分析纯
盐酸	HCl	分析纯
柠檬酸，一水	$C_6H_8O_7 \cdot H_2O$	分析纯
硫化铵	$(NH_4)_2S$	分析纯
氢氧化钠	NaOH	分析纯
硫酸锌，七水	$ZnSO_4 \cdot 7H_2O$	分析纯
邻苯二甲酸二乙二醇二丙烯酸酯	PDDA	分析纯
金属锂片	Li	ϕ15.6mm×0.25mm
电池壳	—	CR2016
泡沫镍	Ni	

表 2-13　实验中所使用的主要仪器

仪器名称	生产厂家	参考型号
电子分析天平（万分之一）	上海恒平科学仪器有限公司	FA1004
电子分析天平（十万分之一）	赛多立斯科学仪器有限公司	CP124C
真空干燥箱	天津泰斯特实验设备有限公司	DZF-6050
真空泵	上海精宏实验设备有限公司	2XZ-4
管式电阻炉	上海晨华电炉有限公司	YFFK80 * 900/10QK-GC
行星式球磨机	长沙米琪仪器设备有限公司	QM-2SP2（2L）
玛瑙罐	南京大学仪器厂	250mL
手套箱	上海米开罗那机电技术有限公司	Super（1220/750）
蓝电（LAND）电池测试系统	武汉蓝电电子有限公司	CT2001A
电化学工作站	上海辰华仪器公司	CHI660e
XRD 粉末衍射仪	Bruker	D8 Advance
场发射扫描电镜 FE-SEM	日立	SU70
透射电镜 TEM	Japan JEOL	2100F
X 射线光电子能谱仪	美国物理电子公司	PHI-5700-ESCA
纽扣电池冲片机	深圳市铭锐祥机械科技有限公司	PX-CP-20（ϕ18mm 隔膜）
纽扣电池电动封口机	深圳市铭锐祥机械科技有限公司	MRX-SF120

续表2-13

仪器名称	生产厂家	参考型号
磁力搅拌器	上海思锐仪器仪表制造有限公司	H01-1A
小型压片机	天津特鲁斯科技有限公司	Y-8T
水热反应釜	北京瑞成伟业仪器设备有限公司	KH-100

2.11.4 实验步骤

实验步骤为：

（1）硫化亚锡负极材料样品制备：

将50mL的酒精与0.4mL的去离子水混匀，再向其中加入0.02mol的硫脲，在25℃下水解1h，再滴加2mL去离子水，使其充分水解。将制得的混合浊液进行离心5min、洗涤。将所得物质与0.04mol的$SnCl_2$混合、搅拌，得到澄清的溶液，加入50%浓度（8.4g）的柠檬酸溶液，然后再加入适量的氨水，调节pH值至7，加热，蒸干，制得凝胶；在250℃下加热2h，使其充分膨胀。将所得膨胀物质研磨后，并用试管炉在500℃下灼烧6h得到产物SnS。

用HF蚀刻商业化Ti_3AlC_2产品制备Ti_3C_2，取0.2g Ti_3AlC_2加入20mL 48% HF中，室温磁搅拌24h。离心后用去离子水多次洗涤沉淀，在70℃下烘干10h得到黑色Ti_3C_2粉末。

将30mg Ti_3C_2分散在10mL去离子水中，超声处理30min，保持超声20min，另取0.2g SnS_2和10mL $(NH_4)_2S$搅拌2h，得到黄色混合溶液，将黄色溶液缓慢滴入有Ti_3C_2溶液中，搅拌24h，离心后用去离子水冲次，在60℃下干燥12h；然后在600℃氮气流量下烧结2.5h，冷却后得到了SnS/Ti_3C_2。

（2）纽扣电池的组装：

1）电池组装所需的步骤为：称量→配料→涂片→烘干→制成圆形极片→电池组装→化成→测试。将制备的活性材料粉末、导电剂和黏结剂聚四氟乙烯按照8∶1∶1的质量比混合，然后置于磁力搅拌器上缓慢搅拌0.5h，快速搅拌3.5h成均匀浆料。将混合后的浆料均匀涂布于铝箔上，60℃在烘箱中干燥2h后，制成直径为14mm的圆形极片。

2）在充满氩气的真空手套箱中，将制备好的正极极片、隔膜以及负极锂片组装成CR2016型扣式电池。负极为金属锂片，隔膜为Celgard2400聚丙烯薄膜，电解液为1.0mol/L的$LiPF_6$/EC+DMC（体积比为1∶1）。

3）在CR2016型扣式电池正极壳中放入负极极片，将隔膜放在负极片上，然后滴加适当电解液，再将金属锂片放于隔膜上，最后放入泡沫镍作为支撑材料，盖上负极壳并压紧后组装成试验用CR2016型扣式电池，取出后，用封口机将扣式电池封口。待测电池在干燥釜中静置 8h 后，取出进行充放电测试。采用 2016/2012 型纽扣电池在 LAND 电池测试系统上进行充放电测试。在选定的充放电电压范围内（2~4.8V），本实验的充放电过程均采用恒电流与恒压的方式。本实验中采用不同电流密度进行电池循环性能的测试。采用辰华 CHI660C 电化学工作站进行交流阻抗测试，测试的频率范围是 0.01Hz~100kHz，交流电压信号的振幅设置为 5mV。

（3）物理性能检测：采用的 X 射线粉末衍射测试的设备为 D8 型 X 射线衍射仪，测试过程中采用 Cu 靶作为辐射源，其中波源的波长为 $\lambda(CuK\alpha)=0.15406nm$，在 10°~90°之间进行扫描，扫描速度为 4.5°/min。采用的 SEM 扫描电镜 SU-1500 型扫描电镜观察形貌。

2.11.5 实验结果分析

（1）根据 XRD 结果作图，分析制备所得到的 SnS 的晶体结构。

（2）根据扫描电镜和透射电镜照片分析制备所得到的 SnS 材料的形貌和结构特点。

（3）根据电化学数据分析材料的充放电比容量、倍率和循环寿命。

2.11.6 思考题

（1）SnS 复合 Ti_3C_2 后性能得到改善的机理是什么？

3 高分子材料实验

聚合物是由一种或几种分子或分子团（结构单元或单体）以共价键结合成具有多个重复单体单元的大分子，其分子量高达10^4~10^6。高分子材料又称聚合物材料，可以是天然产物如纤维、蛋白质和天然橡胶等，也可以用合成方法制得，如合成橡胶、合成树脂、合成纤维等非生物高聚物等。聚合物的特点是种类多、密度小（仅为钢铁的1/8~1/7），比强度大，电绝缘性、耐腐蚀性好，加工容易，可满足多种特种用途的要求，包括塑料、纤维、橡胶、涂料、黏合剂等领域，可部分取代金属、非金属材料。

按照材料应用功能分类，高分子材料分为通用高分子材料、特种高分子材料和功能高分子材料三大类。通用高分子材料指能够大规模工业化生产，已普遍应用于建筑、交通运输、农业、电气电子工业等国民经济主要领域和人们日常生活的高分子材料。这其中又分为塑料、橡胶、纤维、黏合剂、涂料等不同类型。特种高分子材料主要是一类具有优良机械强度和耐热性能的高分子材料，如聚碳酸酯、聚酰亚胺等材料，已广泛应用于工程材料上。功能高分子材料是指具有特定的功能作用，可作功能材料使用的高分子化合物，包括功能性分离膜、导电材料、医用高分子材料、液晶高分子材料等。

高分子材料实验一般包含高分子化学实验、高分子物理实验和高分子成型加工实验等内容。通过高分子材料的合成表征及性能测试，可以了解高分子材料的基本特性和合成方法和聚合物的物理性质等。

3.1 稀溶液黏度法测定聚合物的分子量实验

3.1.1 实验目的

（1）了解聚合物分子量的统计平均意义。

（2）掌握稀溶液黏度法表征聚合物分子量的基本原理与实验技术。

（3）测定聚乙烯醇试样的黏均分子量。

3.1.2 实验原理

测定聚合物分子量的方法很多。各种方法都有它的优缺点和适用的分子量范围，由不同方法得到的分子量的统计平均意义也不一样（见表3-1）。

表3-1 常用测定聚合物分子量的方法及其大致适用范围

测定方法	适用的分子量范围	平均分子量
端基分析法	$<3\times10^4$	数均分子量
沸点升高法	$<3\times10^4$	数均分子量
冰点下降法	$<3\times10^4$	数均分子量
气相渗透压法	$<3\times10^4$	数均分子量
膜平衡渗透压法	$5\times10^3\sim10^6$	数均分子量
电子显微镜法	$>5\times10^5$	数均分子量
光散射法	$>10^2$	重均分子量
稀溶液黏度法	$>10^2$	黏均分子量
体积排斥色谱法	$>10^2$	各种平均分子量

采用稀溶液黏度法测定聚合物的分子量，所用仪器设备简单，操作便利，适用的分子量范围广，又有相当好的实验精度，因而得到广泛应用。

液体黏度的绝对值测定是很困难的，因而一般测定的都是相对黏度。若以η_0表示纯溶剂的黏度，η表示溶液的黏度，则溶液的相对黏度$\eta_r=\eta/\eta_0$，增比黏度$\eta_{sp}=(\eta-\eta_0)/\eta_0$，$\eta_{sp}/C$称为比浓黏度，由于$\eta_{sp}/C$和$(\ln\eta_r)/C$都随溶液浓度改变而变化，不易准确测定，常需外推至$C\to0$时测定。

溶液的特性黏数定义为：

$$[\eta]=\lim_{C\to0}\frac{\eta_{sp}}{C}=\lim_{C\to0}\frac{\eta_r}{C} \tag{3-1}$$

当温度和溶剂一定时，同一聚合物的特性黏数与其分子量之间的关系可用Mark-Houwink-Sakurada经验方程表示：

$$[\eta]=KM^{\alpha} \tag{3-2}$$

在一定的分子量范围内，K、α是与分子量无关的常数。因此，测得$[\eta]$值后，便可计算分子量。

在稀溶液范围内，黏数和对数黏数与溶液浓度之间的关系，可用两个近似的经验方程来表示：

Huggins方程：

$$\frac{\eta_{sp}}{C}=[\eta]+k[\eta]^2C \tag{3-3}$$

Kreamer方程：

$$\frac{\ln\eta_r}{C}=[\eta]-\beta[\eta]^2C \tag{3-4}$$

式中，k、β 均为常数。按式（3-3）和式（3-4）用 $\frac{\eta_{sp}}{C}$ 对 C 和 $\frac{\ln\eta_r}{C}$ 对 C 作图（见图 3-1），外推至 $C\to 0$ 所得的截距，应重合于一点，即为［η］值。

液体的黏度一般用毛细管黏度计来测量，最常用的是乌式黏度计，如图 3-2 所示。

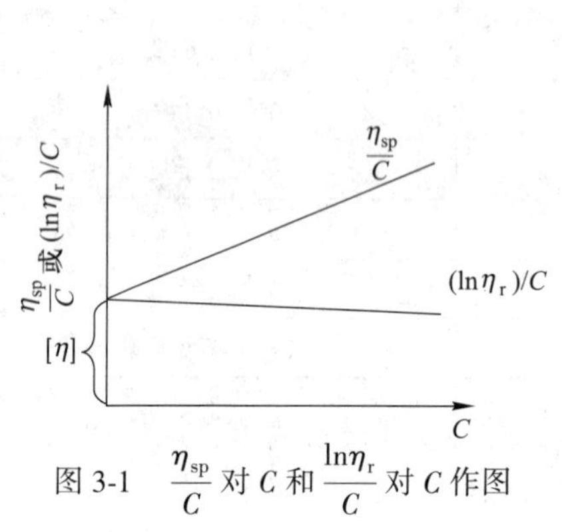

图 3-1　$\frac{\eta_{sp}}{C}$ 对 C 和 $\frac{\ln\eta_r}{C}$ 对 C 作图

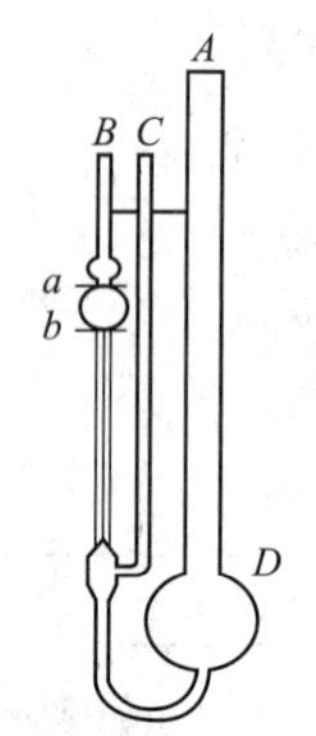

图 3-2　乌式黏度计

如果液体在重力的驱使下发生稳定的层流，而且流体的动能可以忽略不计，则溶液的相对黏度可由流出时间按式（3-5）计算：

$$\eta_r = \frac{\eta}{\eta_0} \approx \frac{t}{t_0} \tag{3-5}$$

式中，t 为溶液的流出时间；t_0 为纯溶剂的流出时间。

如果需要快速测定分子量或测定大量同品种的样品，则可以使用一点法。即在同一个浓度下测定黏数然后直接计算出［η］值。

一点法常用的计算公式有两个：

（1）如果 $k+\beta=1/2$，则：

$$[\eta] = \frac{[2(\eta_{sp} - \ln\eta_r)]^{1/2}}{C} \tag{3-6}$$

（2）如果令 $k/\beta=\gamma$，则

$$[\eta] = \frac{\eta_{sp} + \gamma\ln\eta_r}{(1+\gamma)C} \tag{3-7}$$

3.1.3　实验仪器与试剂

仪器：乌式黏度计，超级恒温水浴 1 套（包括玻璃缸、搅拌器、加热器），分析天平，秒表 1 块（最小读数精度至少 0. 2s），25mL 容量瓶（2 个），2 号砂芯漏斗 1 只，吸耳球 1 个，止水夹（夹乳液管）1 个，铁夹 1 个（固定黏度计），

移液管，50mL 量筒 1 只，移液管（5mL、10mL 各 1 支）。

试剂：聚苯乙烯（溶剂用甲苯）或聚乙烯醇（溶剂用环己酮）。

3.1.4 实验步骤

实验步骤为：

（1）清洗玻璃仪器并干燥待用。

（2）安装好装置，打开电源，开动搅拌，使水浴温度恒定在（30±0.1)℃。

（3）溶剂准备。用一洁净干燥的 50mL 量筒取环已酮溶液 45mL 左右，静置恒温放置一会。

（4）用分析天平准确称量聚乙烯醇试样 0.2g 左右，全部倒入干燥洁净的 25mL 容量瓶中，从量筒中加入 15mL 环已酮到 25mL 容量瓶中，溶解摇匀后，用砂芯漏斗滤入另一个干燥洁净的 25mL 容量瓶中，再用少量环已酮少量多次地把第一个容量瓶和漏斗中的高聚物全部洗入第二个容量瓶中（共洗 3 次，但环已酮的总用量不能超过 25mL），然后把装有聚乙烯醇的第二个容量瓶挂在（30±0.1)℃的恒温水浴中，待溶液恒温后加入环已酮稀释至刻度，并混合均匀。

（5）流出时间测定。小心在乌式黏度计 B、C 管上方接入乳胶管。用固定夹夹住黏度计的 A 管，使其垂直固定在水浴中，并使水浴的液面浸没 B 管 a 线上方的球体。重新开启搅拌。用移液管量取 10mL 环已酮，从 A 管管口注入黏度计中，恒温 10min。用乳胶管夹夹住 C 管上方的乳胶管，在 B 管乳胶管上接入注射器或洗耳球，缓慢抽气，使液面上升至 a 线上方的小球一半时停止抽气。取下注射器（或洗耳球），然后放开 C 管上方的夹子，使空气进入 C 管下方。使毛细管内液体与 A 管下端的球分开，此时液面缓慢下降，用秒表记录液面从 a 线到 b 线的时间，重复测定 3 次，每次测定的时间相差不超过 0.2s，取其平均值，作为 t_1。然后再移取 5mL 溶剂注入黏度计，充分混合均匀，这时溶液浓度为初始浓度的 2/3，在同样测得流出时间 t_2。用同样操作方法再分别加入 5mL、10mL 和 10mL 溶剂，使溶液浓度分别为原始溶液浓度的 1/2、1/3、1/4，测定各自的流出时间 t_3、t_4、t_5。

（6）将黏度计中的溶液取出，用溶液洗涤 3 遍，后测定纯溶剂的流出时间 t_0。

注意：使用本方法测定聚合物分子量所用溶液的浓度范围，一般控制在 1%（100mL 溶剂溶解 1g 聚合物），使溶液的相对黏度控制在 1.05~2.5，对分子量较大的聚合物浓度可适当低一些。

3.1.5 数据记录与处理

黏度计号：______，毛细管内径：______，温度：______，溶剂：______；

聚乙烯醇质量：________（g），原始溶液浓度 C_0：________（g/mL）；

纯溶剂流出时间（1）：________（s）；（2）________（s）；（3）________（s）；取平均值 t_0 =________（s）。

实验数据记录于表 3-2 中。

表 3-2　实验记录表

加入溶剂的量/mL	相对浓度 C'	流出时间/s				η_r	η_{sp}	η_{sp}/C'	$\ln\eta_r/C'$
		第一次	第二次	第三次	平均值				
0	1				t_1 =				
5	2/3				t_2 =				
5	1/2				t_3 =				
10	1/3				t_4 =				
10	1/4				t_5 =				

为作图方便，若原始溶液浓度为 C_0，稀释后溶液浓度为 C，$C=C_0C'$，C'为稀释后溶液的相对浓度。则原始溶液的相对浓度为 $C'=1$，依次加入 5mL、5mL、10mL、10mL 溶剂的溶液的相对浓度分别为 2/3、1/2、1/3、1/4。以 $\frac{\eta_{sp}}{C'}$ 和 $\frac{\ln\eta_r}{C'}$ 分别对 C'作图，即

$$\frac{\eta_{sp}}{C'} = [\eta]C_0 + k[\eta]^2C_0^2C' \tag{3-8}$$

$$\frac{\ln\eta_r}{C'} = [\eta]C_0 - \beta[\eta]^2C_0{}^2C' \tag{3-9}$$

外推得截距 A，$A=[\eta]C_0$，则 $[\eta]=A/C_0$，代入 $[\eta]=KM^{\alpha}$，算出聚合物的黏均分子量。从 Polymer Handbook 查到：聚乙烯醇-环已酮溶液在 30℃时，K=0.067mL/g，α = 0.64。

3.2　凝胶色谱测试聚合物相对分子质量分布实验

3.2.1　实验目的

了解凝胶渗透色谱的工作原理和特点，掌握高分子材料的分子量及分子量分布的测定方法。

3.2.2　实验原理

凝胶渗透色谱（GPC，Gel Permeation Chromatography），又称体积排除色谱，

可以用来分析化学性质相同而分子体积不同的高分子同系物。基本原理是将高分子化合物在分离柱上按分子流体力学体积大小分离开。

被测量的高分子溶液通过一根内装不同孔径填料的色谱柱，柱中可供分子通行的路径有粒子间的间隙（较大）和粒子内的通孔（较小）。当聚合物溶液流经色谱柱时，较大的分子被排除在粒子的小孔之外，只能从粒子间的间隙通过，流出速率较快；而较小的分子可以进入粒子中的小孔，通过色谱柱的速率要慢得多。经过一定长度的色谱柱，分子根据相对分子质量被分开，相对分子质量大的在前面（即淋洗时间短），相对分子质量小的在后面（即淋洗时间长）。自试样进柱到被淋洗出来，所接受到的淋出液总体积称为该试样的淋出体积。当仪器和实验条件确定后，溶质的淋出体积与其分子量有关，分子量越大，其淋出体积越小。

用已知相对分子质量的单分散标准聚合物预先作一条淋洗体积或淋洗时间和相对分子质量对应关系曲线，该线称为“校正曲线”。聚合物中几乎找不到单分散的标准样，一般用窄分布的试样代替。在相同的测试条件下，作一系列的 GPC 标准谱图，对应不同相对分子质量样品的保留时间，以 $\lg M$ 对 t 作图，所得曲线即为“校正曲线”。通过校正曲线，就能从 GPC 谱图上计算各种所需相对分子质量与相对分子质量分布的信息。聚合物中能够制得标准样的聚合物种类并不多，没有标准样的聚合物就不可能有校正曲线，使用 GPC 方法也不可能得到聚合物的相对分子质量和相对分子质量分布。对于这种情况可以使用普适校正原理。

由于 GPC 对聚合物的分离是基于分子流体力学体积，即对于相同的分子流体力学体积，在同一个保留时间流出，即流体力学体积相同。两种柔性链的流体力学体积相同：

$$[\eta]_1 M_1 = [\eta]_2 M_2$$
$$k_1 M_1^{\alpha_1+1} = k_1 M_2^{\alpha_2+1}$$

两边取对数：

$$\lg k_1 + (\alpha_1 + 1)\lg M_1 = \lg k_2 + (\alpha_2 + 1)\lg M_2$$

即如果已知标准样和被测高聚物的 k、α 值，就可以由已知相对分子质量的标准样品 M_1 标定待测样品的相对分子质量 M_2。

由于色谱理论、填料制备技术和仪器合理设计等方面迅速发展，高效液体色谱取代经典的液体色谱的趋势是非常明显的。在经典的凝胶色谱中，填料的粒度一般用 37~75μm，柱径为 7.8mm，流速通常用 1mL/min。在这些条件下，一次实验时间往往需要 3h。现在使用粒度为 10μm 的填料可以使分子量分布测定时间从 3h 缩短到十几分钟，这个时间甚至比高分子在溶剂中溶解所需的时间还短。在工业上已有人用凝胶色谱图来作为订购验收指定分子量分布的高聚物产品。

3.2.3　仪器与试剂

实验仪器：安捷伦 1260 型凝胶色谱仪，超声波清洗器，针筒式微孔滤膜过滤装置（微孔直径 0.45μm），实验试剂：色谱级纯水，PEG 标准样品，待测水溶性高分子化合物（聚丙烯酰胺等）。

3.2.4　实验步骤

实验步骤为：

（1）使用纯水溶解标准样品和待测聚丙烯酰胺样品，并用针筒式微孔滤膜过滤装置过滤溶液，将滤液放置在样品瓶中，放入自动进样器。

（2）打开色谱仪，用纯水作为流动相，设定流速 1.0mL/min，柱温箱、检测器温度为 35℃，使仪器柱压及检测器基线运行平稳。

（3）开始测定，在仪器控制软件中编辑测试方法，运行测试方法。

（4）使用标准样品建立校正曲线和进行普适校正。

（5）测定待测高分子化合物的相对分子量及分布。

3.2.5　实验结果

记录数均、重均分子量以及分子量分布系数。

3.2.6　分析与思考

（1）如何选择测试溶剂及流动相？

（2）本方法测定的分子量是绝对分子量还是相对分子量？为什么？

3.3　红外光谱法推测聚合物分子结构实验

3.3.1　实验目的

（1）掌握红外光谱法的基本原理。

（2）了解 FT-IR 仪的基本结构、操作使用方法。

（3）推测已合成的聚合物的大致结构

3.3.2　实验原理

红外光谱是指波长 0.8～1000μm 的光，其中又分为近红外区（波长 0.8～2.5μm）、中红外区（波长 2.5～25μm）及远红外区（25～1000μm）。

目前使用及研究较多的红外光谱是指波长 2.5～25μm 的中红外区的红外光

谱。当红外光照射分子时，由于红外光能量大小与分子中原子的振动能级在数量上相当，故能引起分子中原子振动能级的跃迁，产生红外吸收光谱，简称红外光谱。但不是任何振动都能产生红外光谱，只有在分子振动的周期内发生偶极矩变化的振动，才能产生红外光谱，即正负电荷中心不重合的分子才有红外活性，而正负电荷重合的分子如 N_2、O_2 则不能产生红外光谱。由于转动能的能级差较振动能的小，故振动能级的跃迁不可避免地伴随着转动能级的跃迁。因此，所得的红外光谱不是简单的吸收线，而是一个个的吸收带。

红外谱图吸收谱带的位置与强弱，是由分子中基团的振动方式决定的。基团的振动分两种方式：一是沿着键的方向振动，不改变键角，称为伸缩振动；二是沿键的垂直方向振动。键角改变，称为变形振动，亦称弯曲振动或变角振动。伸缩振动又分为对称伸缩振动和不对称伸缩振动。变形振动也分为面内变形振动与面外变形振动。振动频率与原子质量的关系：化学键相同的基团随原子质量降低，频率增加，O-D 伸缩振动在 $2630cm^{-1}$，而 O-H 伸缩振动在 $3600cm^{-1}$处。吸收峰的强度与分子键振动时引起的偶极矩变化成正比，极性强的基团吸收强，碳原子与电负性较大的原子之间如 C ═O、 C≡N 基吸收强， C≡C 、C ═C 吸收则较弱。红外光谱图的表示方法为：横坐标：以波长 μm 或波数 cm^{-1}表示，波数（cm^{-1}）= 1/波长（cm）。纵坐标：一般用透光率%表示（I/I_0）×100%，纵坐标自下而上由 0~100%，随基团吸收强度降低，曲线向上移，无吸收部分的曲线在图的上部分。所谓吸收“峰”实际上是向下的“谷”。在红外光谱中，谱图可分为基团频率区和指纹区：

（1）基团频率区中红外光谱区可分成 4000~$1300cm^{-1}$ 和 1800（1300）~$600cm^{-1}$两个区域。基团频率在 4000~$1300cm^{-1}$之间的区域称为基团频率区、官能团区或特征区。区内的峰是由伸缩振动产生的吸收带，比较稀疏，容易辨认，常用于鉴定官能团。在 1800（1300）~$600cm^{-1}$区域内，除单键的伸缩振动外，还有因变形振动产生的谱带。这种振动与整个分子的结构有关。当分子结构稍有不同时，该区的吸收就有细微的差异，并显示出分子特征。这种情况就像人的指纹一样，因此称为指纹区。指纹区对于指认结构类似的化合物很有帮助，而且可以作为化合物存在某种基团的旁证。基团频率区可分为三个区域：

1）4000~$2500cm^{-1}$X-H 伸缩振动区，X 可以是 O、H、C 或 S 等原子。

①O—H 基的伸缩振动出现在 3650~$3200cm^{-1}$范围内，它可以作为判断有无醇类、酚类和有机酸类的重要依据。当醇和酚溶于非极性溶剂（如 CCl_4），浓度为 0.01mol/dm^3时，在 3650~$3580cm^{-1}$处出现游离 O—H 基的伸缩振动吸收，峰形尖锐，且没有其他吸收峰干扰，易于识别。当试样浓度增加时，羟基化合物产生缔合现象，O-H 基的伸缩振动吸收峰向低波数方向位移，在 3400~$3200cm^{-1}$出现一个宽而强的吸收峰。胺和酰胺的 N—H 伸缩振动也出现在 3500~$3100cm^{-1}$，

因此，可能会对 O—H 伸缩振动有干扰。

②C-H 的伸缩振动可分为饱和和不饱和的两种。饱和的 C—H 伸缩振动出现在 3000cm^{-1}以下，约 3000~2800cm^{-1}，取代基对它们影响很小。如—CH_3基的伸缩吸收出现在 2960cm^{-1} 和 2876cm^{-1} 附近；—CH_2 基的吸收在 2930cm^{-1} 和 2850cm^{-1}附近；CH（不是炔烃）基的吸收基出现在 2890cm^{-1}附近，但强度很弱。不饱和的 C—H 伸缩振动出现在 3000cm^{-1}以上，以此来判别化合物中是否含有不饱和的 C—H 键。苯环的 C—H 键伸缩振动出现在 3030cm^{-1}附近，它的特征是强度比饱和的 C—H 键稍弱，但谱带比较尖锐。不饱和的双键═C—H 的吸收出现在 3010~3040cm^{-1}范围内，末端═CH_2 的吸收出现在 3085cm^{-1}附近。CH 上的 C-H 伸缩振动出现在更高的区域（3300cm^{-1}）附近。

2）2500~1900cm^{-1}为三键和累积双键区，主要包括—C≡C 和—C≡N 等等三键的伸缩振动，以及—C ═C ═C、—C ═C ═O 等累积双键的不对称性伸缩振动。对于炔烃类化合物，可以分成 R—C≡CH 、R′—C≡C —R 两种类型。R—C≡CH 的伸缩振动出现在 2100 ~ 2140cm^{-1} 附近，R′—C≡C —R 出现在 2190~2260cm^{-1}附近。R—C≡C —R 分子式对称，则为非红外活性。R—C≡N 基的伸缩振动在非共轭的情况下出现在 2240~2260cm^{-1}附近。当与不饱合键或芳香核共轭时，该峰位移到 2220 ~ 2230cm^{-1} 附近。若分子中含有 C、H、N 原子，—C≡N 基吸收比较强而尖锐。若分子中含有 O 原子，且 O 原子离—C≡N 基越近，—C≡N 基的吸收越弱，甚至观察不到。

3）1900~1200cm^{-1}为双键伸缩振动区。该区域主要包括 3 种伸缩振动：

① C ═O 伸缩振动出现在 1900~1650cm^{-1}，是红外光谱中很有特征性的且往往是最强的吸收，以此很容易判断酮类、醛类、酸类、酯类以及酸酐等有机化合物。酸酐的羰基吸收带由于振动耦合而呈现双峰。

② C ═C 伸缩振动。烯烃的 C ═C 伸缩振动出现在 1680~1620cm^{-1}，一般很弱。单核芳烃的 C ═C 伸缩振动出现在 1600cm^{-1}和 1500cm^{-1}附近，有两个峰，这是芳环的骨架结构，用于确认有无芳核的存在。

③苯的衍生物的泛频谱带，出现在 2000 ~ 1650cm^{-1}范围，是 C—H 面外和 C ═C面内变形振动的泛频吸收，虽然强度很弱，但它们的吸收面貌在表征芳核取代类型上是有用的。

（2）指纹区。

1）1800（1300）~900cm^{-1} 区域是 C—O、C—N、C—F、C—P、C—S、P—O、Si—O 等单键的伸缩振动和 C ═S、S ═O、P ═O 等双键的伸缩振动吸收。

2）900~650cm^{-1}区域的某些吸收峰可用来确认化合物的顺反构型。例如，烯烃的═C—H 面外变形振动出现的位置，很大程度上取决于双键的取代情况。

对于 $RCH=CH_2$ 结构，在 990cm^{-1}和 910cm^{-1}出现两个强峰；结构式为 $RC=CRH$ 的化合物，其顺、反构型分别在 690cm^{-1}和 970cm^{-1}出现吸收峰。

3.3.3　仪器和药品

实验仪器和药品有：

Bruker2.2FT-IR 光谱仪 1 台，KBr，玛瑙研钵，药匙，待测试样品（聚合物固体）。

3.3.4　实验步骤

实验步骤为：

（1）仪器启动。打开计算机开关，工作主开关，选择好工作界面。

（2）样品处理。取少量样品放入玛瑙研钵中，加入适量的经过 500℃高温烧过的 KBr（一般样品量为 KBr 的 2%）研磨均匀后，压片。所测试的样品一定要预先干燥。

（3）取出压制好的薄片，放入样品支架上。选择测试方式进行扫描测试，即可获得所需的红外光谱图。

3.3.5　结果与讨论

标出所测试样品的图谱峰，按其相应的结构对各峰的归属进行分析。

3.3.6　思考题

（1）进行红外测试的样品是否需要干燥？为什么？

（2）产生红外吸收的条件是什么？是否所有的分子振动都会产生红外吸收光谱？

3.4　膨胀计法测定玻璃化转变温度实验

3.4.1　实验目的

（1）掌握膨胀计法测定聚合物玻璃化温度的方法。

（2）了解升温速率对玻璃化温度的影响。

3.4.2　实验原理

聚合物的玻璃化转变，是玻璃态和高弹态之间的转变。其实质是非晶态聚合物（包括结晶高聚物中的非晶相）链段运动被冻结的结果。在发生转变的时候，聚合物的许多物理性质发生急剧的变化。

聚合物的比容是一个和高分子链段运动有关的物理量，如图 3-3 所示，它在玻璃化温度（T_g）范围内有不连续的变化，即利用膨胀计测定聚合物的体积随温度的变化时，在 T_g处有一个转折。

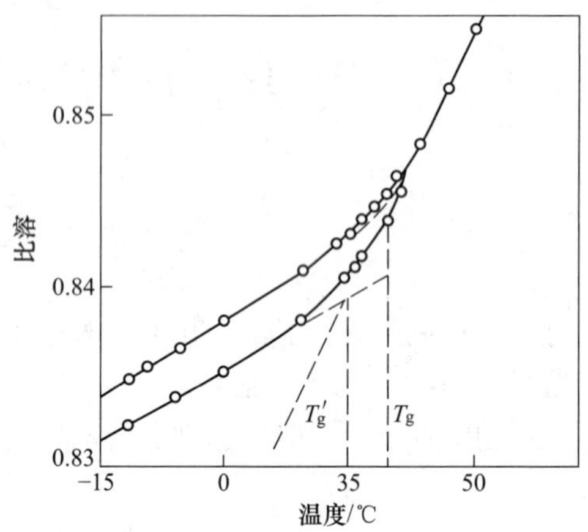

图 3-3　无规聚苯乙烯的比容-温度曲线

玻璃化转变不是热力学平衡过程，而是一个松弛过程，因此 T_g值的大小和测试条件有关：在降温测量中，降温速度加快，T_g向高温方向移动。根据自由体积理论，在降温过程中，分子通过链段运动进行位置调整，多余的自由体积腾出并逐渐扩散出去，因此在聚合物冷却、体积收缩时，自由体积也在减少。但是由于黏度因降温而增大，这种位置调整不能及时进行，所以聚合物的实际体积总比该温度下的平衡体积大，表现为比容-温度曲线上在 T_g处发生转折。降温速度越快，转折得越早，T_g就偏高；反之，降温速度太慢，则所得偏低以至测不到 T_g，一般控制在每分钟 1~2℃为宜。升温速度对 T_g的影响也是如此。T_g 的大小还和外力有关：单向的外力能促使链段运动，外力越大，T_g降低越多；外力的频率变化引起玻璃化转变点的移动，频率增加则 T_g升高，所以膨胀计法比动态法所得的 T_g要低一些。

除了外界条件以外，显然 T_g值还受到聚合物本身的化学结构影响，同时也受到其他结构因素的影响，例如共聚、交联、增塑以及分子量等。图 3-4 是 PMMA 的玻璃化温度随分子量的变化曲线。

$$T_g = T_g(\infty) - \frac{K}{M_n} \tag{3-10}$$

式中，$T_g(\infty)$ 为当分子量为无穷大时聚合物的玻璃化转变温度；K 为一常数；M_n为数均分子量。

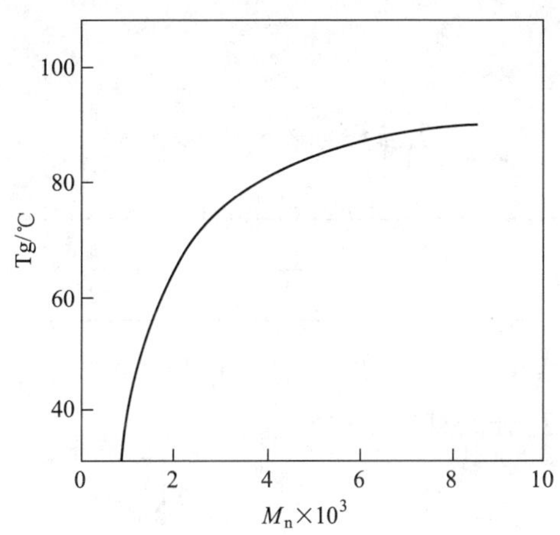

图 3-4　PMMA 分子量对玻璃化转变温度的影响

3.4.3　仪器和试剂

仪器：膨胀计，水浴及加热器，温度计（0~250℃），烧杯，秒表。

药品：颗粒状聚苯乙烯乙二醇（涤纶）颗粒。

3.4.4　实验步骤

实验步骤为：

（1）洗净膨胀计（见图 3-5），烘干。装入聚苯乙烯（涤纶）颗粒至膨胀管的 4/5 体积。

（2）在膨胀管内加入乙二醇作为介质，用玻璃棒搅动（或抽气）使膨胀管内没有气泡。

（3）再加入乙二醇至膨胀管口，插入毛细管，使乙二醇的液面在毛细管下部，磨口接头用橡皮筋固定，如果发现管内留有气泡必须重装。

（4）将装好的膨胀计浸入水浴中，控制水浴升温速度为 1℃/min。

（5）读取水浴温度和毛细管内乙二醇液面的高度（每升高 5℃读一次，在 55~80℃之间每升高 2℃或 1℃读一次），直到 90℃为止。

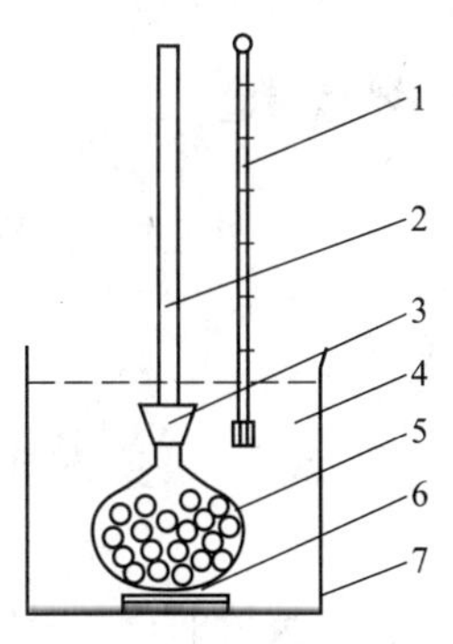

图 3-5　膨胀计

1—温度计；2—带刻度毛细管，直径 1mm，长 30cm；3—标准磨口；4—水浴；5—玻璃膨胀计，体积约 10mL；6—磁子；7—带加热的磁力搅拌器

（6）充分冷却膨胀计，再在升温速度为 2℃/min 的条件下重复读数。

3.4.5 数据处理

实验数据记录于表 3-3 中。

表 3-3 实验数据记录表

样品名称：

温度/℃		
毛细管液面高度/mm		

作毛细管内液面高度对温度的图。从直线外延交点求得两种不同升温速度的聚苯乙烯（PET）的 T_g值，如图 3-6 所示。

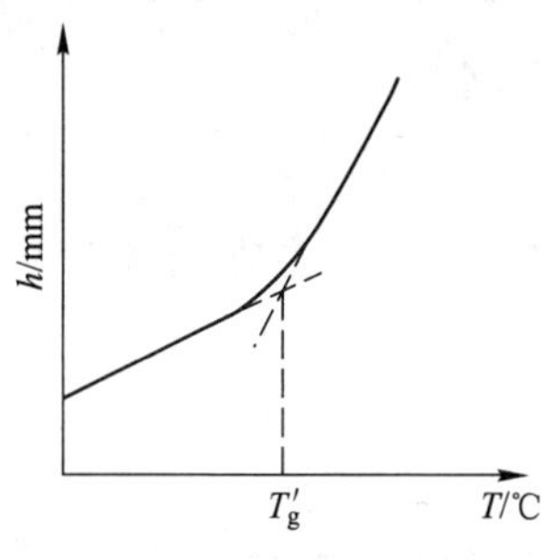

图 3-6 液面高度-温度图

3.4.6 思考题

（1）用自由体积理论解释玻璃化转变过程。

（2）升温速率对 T_g有何影响？为什么？

3.5 溶胀平衡法测定交联聚合物的交联度实验

3.5.1 实验目的

（1）了解溶胀平衡法测定交联聚合物交联度的基本原理。

（2）掌握体积法和质量法测定交联聚合物溶胀度的实验技术。

（3）加深对交联橡胶统计理论的认识。

3.5.2 实验原理

交联是改善橡胶性能的重要方法，交联度的大小与橡胶制品的性能直接有关。欲了解橡胶交联度与制品性能的关系必须测定橡胶的交联度。交联聚合物不能溶解但能溶胀。当溶剂分子渗入交联聚合物内，引起三维分子网的伸展，使其体积膨胀。但是交联点之间分子链的伸展却引起了它的构象熵的降低，进而分子网同时产生弹性收缩力，使分子网收缩，因而将阻止溶剂分子进入分子网。当这两种相反的作用相互抵消时，体系就达到了溶胀平衡状态，溶胀体的体积不再变化。实际上，交联聚合物的溶胀体既是聚合物的浓溶液又是高弹性固体。

溶胀度与聚合物的交联度有关。随着聚合物交联度的增加，链段长度减小，分子网络的柔性减小，聚合物的溶胀度相应减小。溶胀度过高会使溶剂分子很难进入刚性分子网中，甚至不会引起溶胀，相反交联度太低，分子网中存在的自由末端对溶胀没有贡献，与理论偏差很大，而且交联度太低包含可以溶于溶剂的部分，在溶剂中溶胀后形成强度很低的溶胶，给测定带来不便，也会引起很大的实验误差。因此平衡溶胀法只适合于测定中度交联聚合物的交联度。有公式：

$$\overline{M}_c = \frac{\rho \widetilde{V}_1 Q^{5/3}}{1/2 - \chi_1} \tag{3-11}$$

式中，ρ 为聚合物密度；$\widetilde{V}_1$ 为溶剂的摩尔体积；Q 为样品的溶胀度；χ_1 为聚合物-溶剂相互作用参数；$\overline{M}_c$ 为两交联点之间分子链的平均分子量。所以，在已知 ρ 、χ_1、$\widetilde{V}_1$ 的条件下，只要测出样品的溶胀度 Q，利用式（3-11）就可以求得 $\overline{M}_c$。$\overline{M}_c$ 越大，交联点间分子链越长，表明聚合物的交联度越低；反之，$\overline{M}_c$ 越小，交联点间分子链越短，表明聚合物的交联度越高。

可采用两种方法测定溶胀度。一种是体积法，即跟踪溶胀过程，用溶胀计直接测定溶胀样品体积的变化，隔一段时间测一次，直至所测样品体积不再增加，表明溶胀已达到平衡；另一种方法是质量法，即跟踪溶胀过程，对溶胀样品称重，隔一段时间测一次，直至所测样品两次质量之差不超过 0.01g，表明溶胀已达到平衡。溶胀度可由式（3-12）计算：

$$Q = \frac{\dfrac{w_1}{\rho_1} + \dfrac{w_2}{\rho_2}}{\dfrac{w_2}{\rho_2}} \tag{3-12}$$

式中，w_1、w_2 分别为溶胀体中溶剂和聚合物的质量；ρ_1，ρ_2 分别为溶剂的密度和聚合物在溶胀前的密度。由于聚合物-溶剂相互作用参数 χ_1 随温度变化而变化，而聚合物达到溶胀平衡时间很长（通常需要好几天的时间），因而要时刻关注恒温水箱的控温情况，保证恒温和恒温的精度。

3.5.3　仪器与试剂

实验仪器与试剂分别有：溶胀计 1 个；恒温装置 1 套；电子分析天平 1 台；大试管（带塞）2 个；称量瓶 1 个；镊子 1 把；不同交联度的天然橡胶制品；苯。溶胀计示意图如图 3-7 所示。

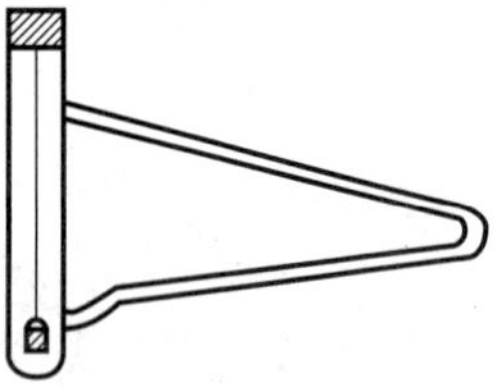

图 3-7　溶胀计示意图

3.5.4　实验步骤

3.5.4.1　体积法

A　溶胀计内液体的选择

溶胀计如图 3-7 所示，较粗的、垂直的管为主管，下方的支管为毛细管。测定时所用液体一般选用与待测试样不会发生化学及物理作用（如化学反应、溶解等），并要求经济易行，挥发性小，毒性小。本实验采用蒸馏水，为了减小液体表面张力，更好地使待测试样表面湿润，可在管中加几滴酒精。

B　溶胀计体积换算因子的测量

为了确定主管内体积的增加与毛细管内液面移动距离的对应值 A，可以用已知密度的金属镍小球若干个，称量并求出其体积 V(mL)，然后放入溶胀计中读取毛细管内移动距离 L(mm)，这样便求得体积换算因子 $A=V/L$(mL/mm)。

C　溶胀前天然橡胶样品体积的测定

将待测样品放入金属小篓内，赶尽毛细管内气泡，放入溶胀计，读取毛细管内液面移动的距离（即此时毛细管液面读数与未放入样品前毛细管液面读数之差），再乘以 A 值所得的乘积即为主管内体积增量，也就是样品的体积。

将已测出体积的样品放入大试管（试管较粗，确保能方便地取出溶胀后的样品）内，倒入溶剂苯（溶剂量约至试管三分之一处）。将装有样品及溶剂的试管用塞子塞紧并置于恒温槽中，在恒温（25℃）下溶胀。

D　溶胀后天然橡胶样品体积的测定

先用滤纸轻轻地将溶胀样品表面附着的多余溶剂吸干，然后用同样的方法测出溶胀样品的体积。溶胀前试样的体积为 V_1，溶胀后试样的体积为 V_2，则 ΔV（$\Delta V = V_2 - V_1$）为试样体积的增量，也即试样吸入溶剂的体积。这样每隔一定时间测定一次样品体积，一般开始间隔短些，后来可适当长些（一般以半天为宜），直至样品体积不再变化、达到溶胀平衡为止。

3.5.4.2　质量法

A　溶胀前天然橡胶样品质量的测定

用分析天平精确称量称量瓶质量，然后往称量瓶中放入一块天然橡胶样品，再称重，求出样品的质量。将称量后的样品放入大试管内，加入苯（溶剂量约至试管三分之一处），盖紧试管塞，然后将其放入恒温水槽中溶胀。

B　溶胀后天然橡胶样品质量的测定

以后每隔一定时间测定一次样品质量，每次都要轻轻取出溶胀体，迅速用滤纸轻轻地将溶胀样品表面附着的多余溶剂，立刻放入称量瓶中，盖紧瓶塞后称量，然后放回溶胀管中继续溶胀，直至所测样品两次质量之差不超过0.01g，即认为溶胀已达到平衡。

3.5.5　数据记录与处理

将实验数据记录如下：

温度：__________；

样品：__________，密度：__________；

溶剂：__________，密度：__________；

溶剂摩尔体积：__________，高分子-溶剂相互作用参数：__________。

（1）体积法。

1）体积换算因子的计算：

镍球的质量（g）：__________，镍球的体积 V（mL）：__________；

毛细管液面移动的距离 L（mm）：__________，体积换算因子 A（mL/mm）：__________。

2）记录样品在溶胀不同阶段的体积于表3-4中。

表3-4　样品在不同阶段的体积

参数	溶胀前	溶胀后					
L/mm							
V/mL							
ΔV/mL							
	溶胀前	溶胀后					
							溶胀平衡时
L/mm							
V/mL							
ΔV/mL							

3）计算达到溶胀平衡时，聚合物在溶胀体内的体积分数 $\widetilde{V}_2$ 和溶胀度 Q 值，根据公式（3-11）计算两交联点之间分子链的平均分子量 $\overline{M}_c$。

已知：天然橡胶-苯体系在25℃时，苯的摩尔体积 $\widetilde{V}_1=89.4\text{cm}^3/\text{mol}$，高分子-溶剂相互作用。

参数 $\chi_1=0.437$，聚合物的密度 $\rho=0.9734\text{g/cm}^3$。

（2）质量法。

1）记录样品在溶胀不同阶段的质量以及溶胀体中溶剂的质量于表3-5中：

样品质量（g）：＿＿＿＿＿（空瓶：＿＿＿＿＿；瓶＋样品：＿＿＿＿＿）；

毛细管液面移动的距离 L（mm）：＿＿＿＿＿，体积换算因子 A（mL/mm）：＿＿＿＿＿。

表3-5 样品在不同阶段的质量及溶剂体中溶剂的质量

测量时间							
溶胀体质量/g							
溶剂质量/g							
测量时间							
溶胀体质量/g							
溶剂质量/g							
测量时间							溶胀平衡时
溶胀体质量/g							
溶剂质量/g							

2）根据式（3-12）计算聚合物溶胀度 Q 值，再根据公式（3-11）计算两交联点之间分子链的平均分子量 $\overline{M}_c$。

已知：天然橡胶-苯体系在25℃时，苯的密度 $\rho_1=0.88\text{g/cm}^3$，聚合物的密度 $\rho_2=0.9734\text{g/cm}^3$。

3.5.6 思考题

（1）溶胀法测定交联聚合物溶胀度有什么优缺点？

（2）讨论溶胀度和哪些因素有关？

3.6 聚合物的形变-温度曲线实验

3.6.1 实验目的

（1）正确理解聚合物的三个力学状态和两个转变，并由实验确定非晶态聚合物的玻璃化温度 T_g 和黏流温度 T_f。

（2）了解分子量、结晶、交联等因素对形变-温度曲线的影响和规律。

（3）估计被测材料的使用温度上限，了解聚合物力学性能的温度依赖性。

3.6.2 实验原理

温度是影响聚合物物理力学性能的重要参数。随着温度从低到高，聚合物的很多性能如热力学性能、动力学性能、力学性能、电磁性能都会发生很大的变化。聚合物的三种力学状态——玻璃态、橡胶态、黏流态，就是依据温度（或外力作用时间）不同而呈现的。此外，聚合物力学性能的温度依赖性也为探究聚合物各种力学性能的分子机理提供大量资料，使我们有可能把纯现象的讨论提高到分子解释的水准上去。因为聚合物的力学性能是它的各种分子运动在宏观的表现，而温度对分子运动的影响不言而喻。研究聚合物力学性能随温度的依赖性的方法有形变-温度曲线、模量-温度曲线、动态力学性能。其中模量-温度曲线、动态力学性能更能反映聚合物力学性能的分子运动本质。温度-形变曲线简单易行，也常在工业部门和大学实验室使用。

当线性非晶态聚合物受到一定的载荷（外力）作用时，受载聚合物的形变与温度的关系就是聚合物的形变-温度曲线。以试样的形变对温度作图，可得到非晶态聚合物典型的形变-温度曲线，如图 3-8 所示。整个曲线可以分成 5 个区，即 3 种不同的力学状态和两个转变。

在温度足够低的玻璃态 A 区，聚合物分子链及其链段运动均被冻结，它们只能在固定的位置附近做振动，只有键长的伸缩和键角的改变。在力学性能上表现得像玻璃一样，硬而脆，模量在 $10^{9}\sim10^{9.5}$ N/m^2，且这个玻璃态区域与聚合物的链长无关（只要聚合物的链长足够长）。聚合物在玻璃态表现出塑料在常温下所具有的物理力学性能，一般称为普弹性。当温度升高到 C 区，聚合物为高弹态时，其链段的短程扩散运动非常迅速，但高分子链之间的缠结起到瞬时交联的作用，分子量的整体运动（包括许多链的联合运动仍然受阻），聚合物的力学状态就像交联橡胶一样，具有长程的可逆性。其模量几乎不会随温度而改变，保持在 $10^{5.4}\sim10^{5.7}$ N/M^2。高弹平台的大小是与链长的分子量有关的（实际上，链长是比分子量更为重要的量，因为从研究一个聚合物转换到另一个聚合物时，它更有意义)。温度继续升高到D区进入黏流态。高分子链间的缠结开始被更激烈的热运动所解除，分子间整体运动已变得重要起来。尽管聚合物还是弹性的但已表现出明显的流动。整个大分子的质心发生移动。去除外力形变不会恢复。

如图3-9所示，聚合物的形变-温度曲线不但用来了解聚合物的三个力学状态和确定T_g和T_f，还可以用来定性判断分子量的大小、聚合物中增塑剂的含量、交联和线性聚合物、晶态和非晶态乃至聚合物在高温下的热分解、热交联等。

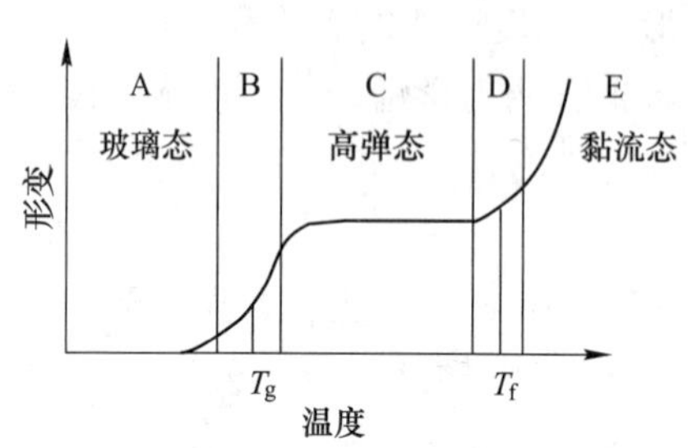

图3-8 线型无定形聚合物的形变-温度曲线

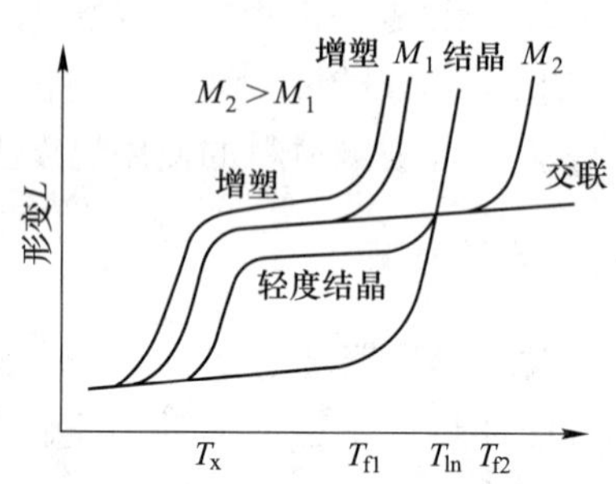

图3-9 不同类型高聚物的形变-温度曲线

(1) 不同分子量的聚合物。不同分子量的线型聚合物的形变-温度曲线有不同的形状。当分子量较低时，整个大分子链就是一个链段，链段运动就是整个大分子的运动，玻璃化温度就是它的黏流温度，不存在橡胶态。其流动温度随分子量增加而升高（见图3-10）。当分子量增大到出现高弹态时，一根高分子链被分割成若干链段，T_g不再随分子量的增大而增大，而反映质心运动的黏流温度T_f将随分子量的增大而升高。

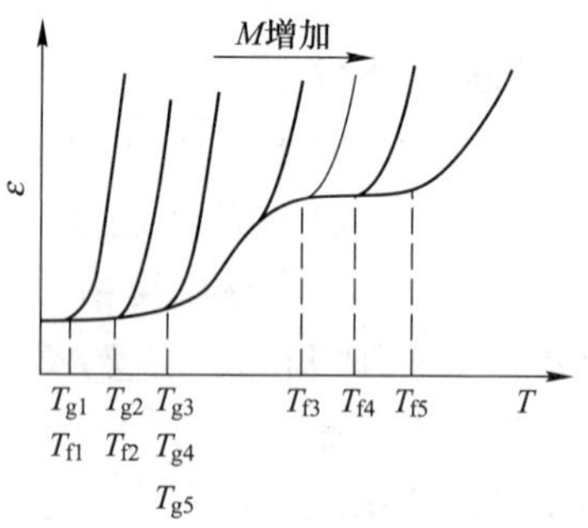

图3-10 不同分子量聚合物的形变-温度曲线

(2) 结晶态聚合物随结晶度和/或相对分子质量增加的形变-温度曲线如图3-11所示。1）一般分子量的结晶态聚合物（或结晶度高于40%）如图3-11（a）所示，在低温时，晶态聚合物受晶格能的限制。高分子链段不能活动（即使高于T_g），所以形变很小。一直维持到熔点T_m，这时由于热运动克服了晶格能，高分子突然活动起来，便进入了黏流态。T_m又是黏性流动温度。2）如果聚合物的分子量较大（或结晶度低于40%），如图3-11（b）所示，温度达到T_m还不能使整个分子发生流动，只能使之发生链段运动。于是进入高弹态，等到升温至T_f时才进入黏流态。

(3) 交联和线形聚合物。如图3-12所示，由于大分子之间化学键相连，交联聚合物的流动已无可能，因此，交联聚合物没有黏流态，也就没有黏流温度

T_f，交联度越大形变量越小。

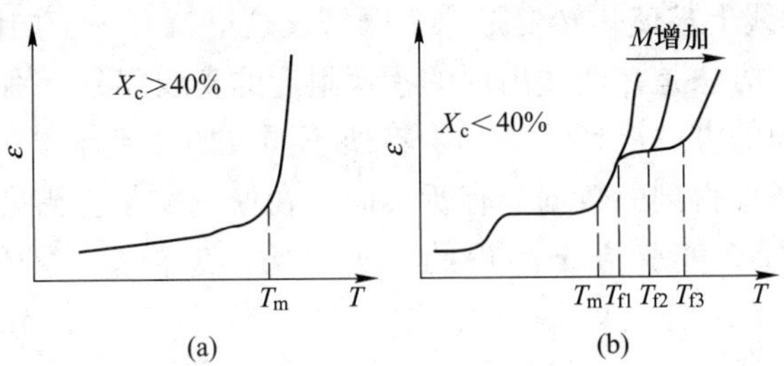

图 3-11 结晶态聚合物的形变-温度曲线

（a）一般分子量的结晶态聚合物；（b）分子量较大的聚合物

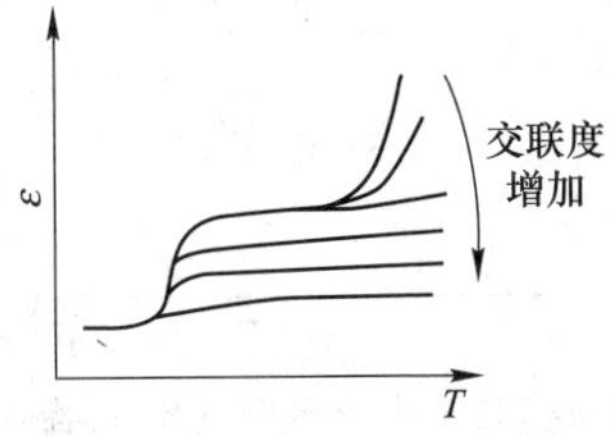

图 3-12 交联聚合物的形变-温度曲线

（4）增塑聚合物。如图 3-13 所示，聚合物中加入增塑剂后玻璃化温度会有不同程度地降低，从而在它的形变-温度曲线中表现出来。随增塑剂含量增多，聚合物的玻璃化温度和流动温度都降低，温度形变曲线向左移动。

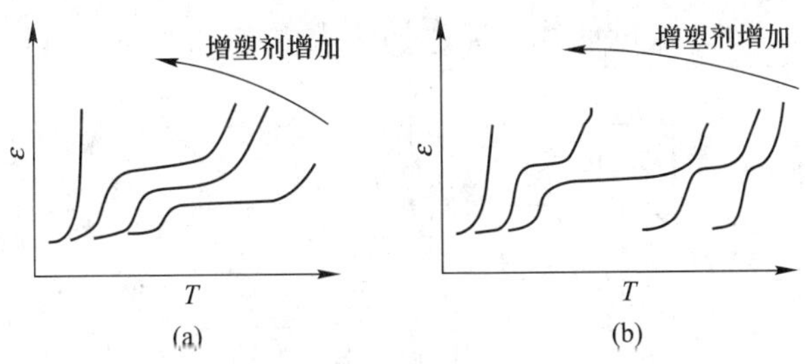

图 3-13 增塑高分子的形变-温度曲线

（a）对柔性链（T_g 降低不多，T_f 却降低较多）；（b）对刚性硅（T_g 和 T_f 都显著降低）

（5）高温时的热分解。形变-温度曲线还可以用来检测聚合物在高温下可能的热分解或热交联反应，它在形变-温度曲线上的反映是在黏流态的曲线上会出现各种形状的起伏。有时热分解和交联是同时进行的，但主次不同。一般来说，曲线曲折地往下降就主要是发生交联反应，若曲线曲折地往上升就主要是发生分解反应，如图 3-14 所示。形变-温度上的小峰对应的温度就是分解温

度 T_d。需要指出的是，形变不是特征值，它与试样的尺寸有关。另外，在聚合物的形变-温度曲线上玻璃化转变是一个区域，这里就有一个如何确定 T_g 值的问题。在实验里用的方法是在曲线出现的拐弯附近的直线部分分别延长的交点作为 T_g 值。显然用不同的方法得到的 T_g 值会有所不同。加之聚合物分子运动的松弛特征，不同的测试条件得到的数据会有所不同。在使用文献上聚合物的 T_g 数据时，一定要了解是用什么实验方法测得的，实验条件怎样？又是使用什么方法求取的。

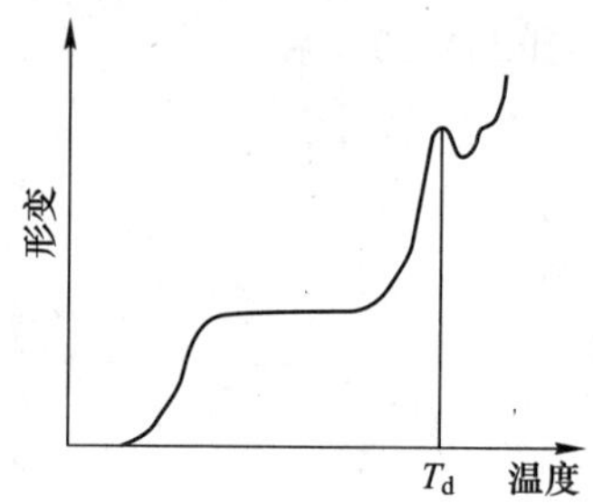

图 3-14　聚合物高温时发生热分解在形变-温度曲线上的反应

图 3-15 是简易形变-温度仪示意图。实验时，聚合物试样随温度上升。即从玻璃态转为高弹态。在转变过程中相应产生了形变。这种热形变导致施加载荷的压杆的下沉，来带动差动变压器的铁芯移动，差动变压器将这个变化的信号转变为电压信号，经放大后输入记录仪记录下曲线，温度经热电偶输入记录仪记录下温度变化，然后从形变-温度曲线上通过切线求出 T_g 和 T_f。

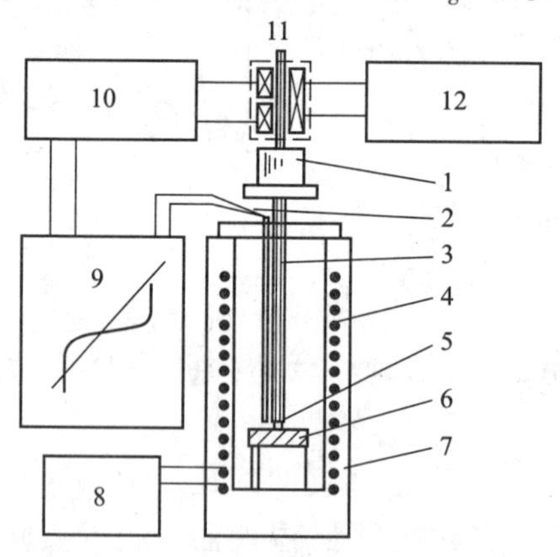

图 3-15　简易形变-温度仪示意图

1—砝码；2—热电偶；3—压杆；4—电热丝；5—圆柱头；6—样品；7—保温瓶；8—等速升温控制；9—记录仪；10—整流器；11—差动变压器；12—音频信号发生器

3.6.3 仪器与试剂

实验仪器与试剂有：RJY-1 型温度-形变仪，聚合物样品（有机玻璃，ϕ 6×5mm）。

3.6.4 实验步骤

实验步骤为：

（1）正确接好线路，检查无误，通水、通气管路是否连接正确。

（2）将天平控制单元量程开关置短路挡。

（3）将温控方式按钮和温度速率按钮复位。

（4）放下记录笔，记录笔量程全部放在 50mV 挡。

（5）接通外电源。

（6）检查 ±15V 直流电源。

（7）检查差动变压器初级线圈电压。

（8）开机 15min 后，调整零位。

（9）用游标卡尺或千分尺测量样品高度。也可放在主机上测量样品高度，根据测量要求，选择合适的石英探头及石英外套管，将样品放在压头上，小心将装有样品的石英压头放入配套的石英外套管内，再将其放入主机炉中，调节机械检测单元的微米量程，使其达到适当的量程值由记录笔读数得知样品高度。

（10）根据测量要求，选择好升温速率和走纸速度，确定温度程序控制步骤，进行升温（降温、恒温、循环）的操作，温度用温度标尺在温度曲线上测量。

（11）样品直径必须小于 7mm，高度小于 10mm，端面要平行。测量范围、载荷范围根据需要而定。

（12）测量试样的形变-温度（详见仪器说明书）。

3.6.5 数据记录与处理

图 3-16 为双记录笔得到的形变-温度曲线图。其中直线 T 为等速升温线，曲线 E 为形变-温度曲线。若将 E 两次出现拐点附近的直线部分 1 和 2、3 和 4 分别延长，则分别交于两点 A 和 B，过 A 和 B 作记录仪上温度线的平行线，则在等速升温线 T 上的交点分别为玻璃化温度 T_g 和黏流温度 T_f。

对于测定的每一个 T_g、T_f 值都应注上测试条件：

样品：__________，载荷：__________；

压杆断面直径：__________，__________，__________（测三次取平均值，计算圆面积 $A=\pi r^2$）；

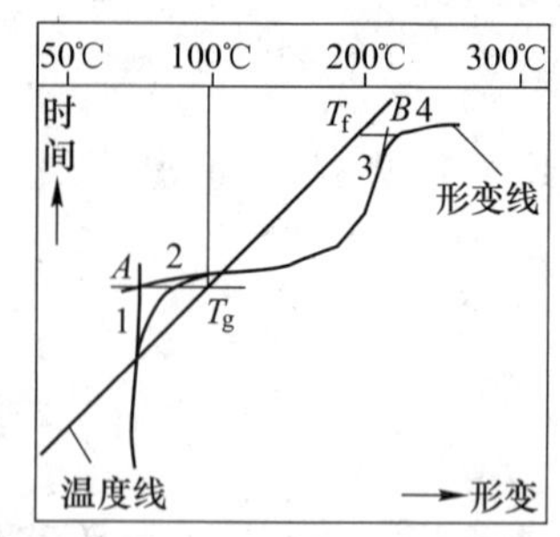

图 3-16　实验得到的形变-温度曲线

施加压强（载荷/圆面积 A）：__________（kg/cm^2）；

起始时间：__________终止时间：__________；

起始温度：__________终止温度：__________；

记录每一时刻的温度和形变，以形变对温度作图。

（1）记录升温速度（$T_{终点}-T_{始点}$）/升温过程所用的时间，℃/min；

（2）根据实验得到的形变-温度曲线，按定义求出玻璃化温度 T_g 和黏流温度 T_f。

3.6.6　思考题

（1）为什么形变-温度曲线测得的 T_g 和 T_f 值只是一个相对的参考值？T_g 和 T_f 受哪些因素影响？有何影响？

（2）聚合物形变-温度曲线与其分子运动有什么联系？不同分子结构和不同聚集态结构的聚合物应有什么样的温度-形变曲线？

3.7　差示扫描量热法观测聚合物的热转变实验

3.7.1　实验目的

（1）了解差式扫描量热计（DSC）的基本工作原理。

（2）了解差式扫描量热计（DSC）法在聚合物凝聚态结构、分子运动及性能研究中的应用。

（3）观察聚对苯二甲酸乙二醇酯的热转变，并使用 Pyis Software 软件进行图谱分析，求取玻璃化温度、结晶温度、熔融温度、结晶度。

3.7.2　实验原理

热分析是在程序控制温度下测量物质的物理和化学性质与温度关系的一类技

术的统称，其中线性升温或降温为温度程序控制最常用方式。在科学研究中，差热分析（DTA）、差示扫描量热（DSD）和热重分析（TG或TGA）是最为常用的热分析方法。热重分析（TG）分析是在程序控制温度下借助天平以获得物质的质量与温度关系的一种技术。这种热天平与常规分析天平的相同之处为它们都是精密称量仪器；不同之处是常规天平只能进行静态称量、称量时的温度一般是室温，周围气氛是大气，而热天平能自动、连续地进行动态称量与记录，称量过程中温度也不断变化，并且可采用人为手段控制试样在分析过程中的气氛。TG谱图一般是以试样的质量分数对温度的曲线或是试样的质量变化速度对温度的曲线来表示，后者称为微分曲线。

物质在加热或冷却过程中所发生的物理或化学变化往往都伴有热效应产生，如各种类型的相变（如熔融、升华、蒸发、晶型转化等）以及氧化还原、分解等化学变化。另有一些物理变化，虽无热效应产生但热容等某些物理性质也会变化，DTA以及由DTA基础上发展改进的DSC技术正是基于这一出发点上所衍生出的热分析分支。DTA分析仪通常由温度控制系统、气氛调节体系以及信号变换放大和显示记录等部分构成。温度控制系统可将试样在设置的温度范围内进行诸如升降恒温等温度控制，主要元器件包括加热器（或制冷器等）、控温热电偶和程序温度控制，气氛调节是指为试样提供真空、保护气氛（如氮气、氩气等）和反应气氛，包括真空泵、气体钢瓶、稳压阀、稳流阀、流量计等。信号变换放大部分（如调制式直-交-直微伏直流放大器）可将分别置于试样和参比物位置的示差热电偶所产生的电压信号加以放大。放大后的信号进入记录装置中，经处理后可以各种形式给出分析结果，如较为先进的仪器都是通过计算机处理相关数据的。分析中使用的参比物应具有在实验温度范围内不发生任何热效应的特点，还应使它的热容和热导率与试样尽可能相近。这样当把参比物和试样同置于加热炉中的托架上等速升温时，前者不发生热效应，当试样暂未发生物理或化学变化时，前者与后者的温度相等，$\Delta T=0$，在谱图中呈现直线；反之，当试样发生物理或化学变化时，$\Delta T\neq 0$，温差电动势的峰形变化导致谱图中放热、吸热峰的产生。另外，如果将TG与DTA两种热分析技术同时用于某一试样的分析，其分析结果的可信度能够进一步得到提高。而差示扫描量热法则是在程控温度下，测量维持物质和参比物温度一致的情况下输入到物质和参比物之间功率差和温度关系的技术。

DSC又分为热流型和功率补偿型两种。热流型DSC中，样品和参比物放在同一个炉子中，其工作原理是给样品和参比物同样的功率，其中参比物在实验温度范围内不发生任何热效应，因此当样品状态发生改变，放热（如结晶）或吸热（如结晶融化或脱结晶水）或发生化学反应时，样品的温度将高于或低于参比物温度。测定样品和参比物之间的温差，然后根据热流方程，将温差换算成热量差，并作为信号输出。而在功率补偿型 DSC 中，样品和参比物分别放在两个独立的炉子中，当样品发生热效应时，系统立即调整两个加热炉的功率，以维持样品和参比物温度始终一致。测定输入到样品和参比物之间的功率差，并直接作为信号输出。在功率补偿型 DSC 中，通常也就不区分样品温度和参比物温度，而通称为炉温或样品温度。

DSC 是在聚合物测试与研究中应用较多的方法。常用于研究聚合物的结晶行为、聚合物液晶的多重转变、共混物组分的相容性以及聚合物热稳定性、辅助聚合物剖析等。通过分析测试中得到的热谱图（见图 3-17）可以得到试样的一些重要的物理化学信息如玻璃化温度 T_g、结晶温度 T_c、结晶融化温度 T_m、解聚温度 T_d等，用 DSC 还可测得这些变化的焓值。一些含有热效应的化学变化也可用 DTA 或 DSC 来测定。

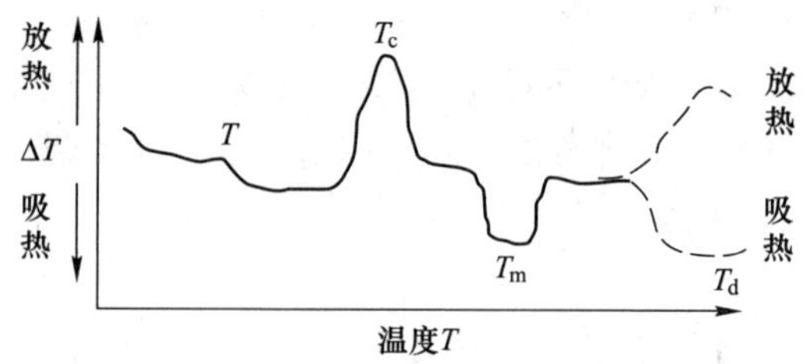

图 3-17　聚合物热谱图的典型曲线

聚合物的转变一般发生在某一温度范围之内。这一温度范围与分子量、分子量分布以及样品的历史有关。又由于 DSC 和 DTA 都是在动态下测量的，所以其数值还与升温速度有关。预测的转变温度可以用斜率开始变化的温度，外推起始温度、拐点温度及峰顶（或谷底）温度来确定。因此给出的转变温度应标注测试条件和方法。

3.7.3 仪器与试剂

实验仪器与试剂有：$CuSO_4 \cdot H_2O$，参比物 α-Al_2O_3，聚乙烯、聚对苯二甲酸乙二酯，差示扫描量热仪，分析天平。

3.7.4 实验步骤

实验步骤为：

（1）打开稳压电源，开启仪器总电源开关及各单元开关，预热 15~30min。

（2）打开高纯氮气瓶开关，控制流量 20~30mL/min。

（3）在分析天平上称取少量（一般 5~10mg）样品，放入铝制坩埚并压封。在 DSC 参比池（左）放入空的铝坩埚，在样品池（右）放入待测样品。

（4）设置升温程序，输入样品参数：名称、质量，保存文件名。

（5）待热平衡后，开始测试样品。

（6）分析谱图。

（7）关机。切断各单元开关、再关掉总电源、气源，并做好清理工作。

3.7.5　数据记录与处理

实验数据记录如下。

仪器型号：__________；

样品：__________，100%结晶样品的熔融热 $\Delta H_{m100\%}$：__________。

样品质量：__________（称量空坩埚__________；装有样品的坩埚：__________）。

（1）第一次升温扫描：

起始温度：__________，终止温度：__________，升温速率：__________；

谱图分析结果：

玻璃化温度 T_g：__________；

结晶温度 T_c：__________，结晶热 ΔH_c：__________；

熔点 T_m：__________，熔融热 ΔH_m：__________；

结晶度 $X_{c,DSC}$：__________。

附上第一次升温扫描谱图。

（2）降温扫描：

起始温度：__________，终止温度：__________，降温速率：__________。

谱图分析结果：

结晶温度 T_c：__________，结晶热 ΔH_c：__________。

附上降温扫描谱图。

（3）第二次升温扫描：

起始温度：__________，终止温度：__________，升温速率：__________。

谱图分析结果：

玻璃化温度 T_g：__________；

结晶温度 T_c：__________，结晶热 ΔH_c：__________；

熔点 T_m：__________，熔融热 ΔH_m：__________；

结晶度 $X_{c,DSC}$：__________。

附上第二次升温扫描谱图。

3.7.6　思考题

（1）在 DSC 热谱图上，出现基线突变即表明发生了玻璃化转变，简述其原因。

（2）比较本实验中两次升温扫描（同一种升温速率下）测试结果有何不同？结晶度为什么不一样？

（3）如果采用较慢的升温速率，如 10℃/min 或 5℃/min 从室温升温扫描，测得的玻璃化温度将与 20℃/min 的升温扫描测试结果有何不同？

3.8 密度法测定聚合物的溶度参数与结晶度实验

3.8.1 实验目的

（1）掌握密度法测定聚合物结晶的基本原理和方法。

（2）区别和理解用体积分数和质量分数表示结晶度。

（3）掌握浊度法测定聚合物溶度参数的方法。

3.8.2 实验原理

分子间作用力对物质的许多性质（如熔点、溶解度、黏度等）都有重要影响。而高聚物的分子间力超过了组成它的化学键键能，故其显得尤为重要。高聚物分子间的作用力通常用内聚能或内聚能密度来表示。内聚能定义为 1mol 液体或固体分子移到其分子间的引力范围之外所需要的能量 ΔE。

$$\Delta E = \Delta H_v - RT \tag{3-13}$$

式中，ΔH_v为摩尔蒸发热（或摩尔升华热 ΔH_e）；RT 为转化为气体时所做的膨胀功。常用内能聚能密度来表示，即单位体积的内聚能（CED）。

$$CED = \frac{\Delta E}{\widetilde{V}} \quad 或 \quad \delta = \frac{\Delta E^{1/2}}{\widetilde{V}} \tag{3-14}$$

式中，$\widetilde{V}$ 为摩尔体积；δ 为溶度参数。

大分子的溶度参数不能从它们的汽化热来求得，这是因为大分子在它沸腾前就分解了。Small 认为分子的内聚能密度具有加和性，可由组成聚合物基本单元的各个化学基团贡献的总和来估算。

$$\delta_p = \frac{\alpha \sum G}{M} \tag{3-15}$$

式中，α 为高聚物密度；G 为摩尔吸引常数（常见化学基团的摩尔引力常数见表 3-6）；M 为分子量。只要测得聚合物的密度和分子量，就可以根据式（3-15）算出其溶度参数和内聚能密度。

表 3-6　1. 25℃时的摩尔引力常数 G　　$(cal/cm^3)^{1/2}$

基　团	G	基　团	G	基　团	G
$—CH_3$	214	五元环	105~115	—Cl（叁）$>CCl_2$	250
$>CH_2$	133	六元环	95~105	Br（单）	340
—CH	28	共轭	20~30	I（单）	425
—C—	-93	H（可变的）	80~100	CF_2	150
$CH_2 =$	190	O（醚类）	70	CF_3	274
—CH＝	111	$>C=O$（醚类）	275	—OH	225.8
$>C=$	19	C（酯基）	310	S（硫醚）	225
CH≡C—	285	—CN	410	SH（硫醇）	315
—C≡C—	222	—Cl（平均）	260	ONO_2（硝酸酯）	~440
苯撑	658	—Cl（单）	270	NO_2（脂肪族硝基）	~440
萘基	1146	—Cl（双）$>CCl_2$	260	PO_4（有机磷酸酯）	~550

本实验测定聚合物的密度主要根据两个重要原理：（1）当把某种物质放在一种与其密度相同而不相溶的介质中时，它将保持悬浮状态；（2）当两种不同密度的互溶的液体混合时，它们的混合体积是加和的，混合物的密度是各液体密度和它们的体积分数积之和。

$$d_m = f_1 d_1 + f_2 d_2 \tag{3-16}$$

式中，d_m 为混合物的密度；f、d 为组分的体积分数和密度。

比重瓶（见图 3-18）是一种平底球形玻璃瓶，磨口瓶塞中有一毛细管，可用来直接测定固体或液体的密度。先在分析天平上称得空瓶的质量 W_0，然后取下瓶塞，灌满被测液体，放入恒温槽内，当温度达到平衡后盖上瓶塞，多余液体从毛细管溢出，用滤纸擦去毛细管外的液滴，从恒温槽中取出并拭净瓶外的液体，称得加液体后的质量 W_1。倒出瓶中的液体，用蒸馏水洗涤数次后再装满，同样方法称得加水后的质量 $W_水$，则液体的密度 ρ_1 即可求得：

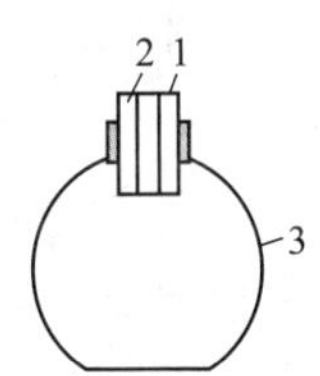

图 3-18　比重瓶示意图
1—瓶塞；2—毛细管；3—瓶体

$$\rho_1 = \frac{W_1 - W_0}{W_水 - W_0}\rho_水 \tag{3-17}$$

利用比重瓶测固体密度，一般用水作为参比，但固体必须与水不发生化学作用，不溶解也不溶胀，也可采用其他化学性质稳定、易于纯化、挥发度较小、密度已知的液体作为参比。同上方法，称得空瓶的质量 W_0，瓶内填装固体（约占瓶体积的 1/5~1/3）后的质量 W_2，再在填装固体瓶内加满水后称重 W_2'，最后称

得满瓶水的质量 $W_{水}$，则被测固体的密度 ρ_2 为：

$$\rho_2 = \frac{W_2 - W_0}{[(W_{水} - W_0) - (W_2' - W_2)]/\rho_{水}} = \frac{W_2 - W_0}{W_{水} + W_2 - W_0 - W_2'}\rho_{水} \quad (3\text{-}18)$$

测定时应注意：

（1）毛细管口的液滴必须在比重瓶离开恒温槽之前擦去。这样，当比重瓶从恒温槽取出后，由于室温较低使毛细管液面下降，就不影响测定结果。

（2）恒温前，必须用真空泵抽去瓶中的液体和固体所溶解的、吸附的气体及气泡，否则会使测定结果偏低。

（3）为了消除偶然误差，对装液和称重操作必须重复进行三次以上，取其平均值作为正式数据。

测定溶度参数的方法很多。其中用混合溶剂测定（浊度滴定法），混合溶剂的溶度参数（δ_{sm}）可近似地表示为：

$$\delta_{sm} = \varphi_1\delta_1 + \varphi_2\delta_2 \quad (3\text{-}19)$$

式中，φ_1、φ_2 分别为溶剂中组分 1 和组分 2 的体积分数。将待测聚合物溶解于某一溶剂中，然后用沉淀剂滴定（该沉淀剂能与溶剂互溶），滴至溶液中开始出现混浊即可得到混浊点时混合溶剂的溶度参数 δ_{sm} 值。

聚合物溶于二元互溶溶剂的体系中，体系的溶度参数应有一个范围，本实验选用两种不同溶度参数的沉淀剂滴定聚合物溶液，这样可得到溶解该聚合物混合溶剂的溶质溶度参数的上限和下限。取其平均值就是聚合物的溶度参数 δ_p 的值。

$$\delta_p = \frac{\delta_{mh} + \delta_{ml}}{2} \quad (3\text{-}20)$$

式中，δ_{mh} 为高溶度参数的沉淀剂滴定聚合物溶液在混浊点时混合溶剂的溶度参数；δ_{ml} 为低溶度参数的沉淀剂滴定聚合物溶液在混浊点时混合溶剂的溶度参数。

结晶度是聚合物的重要性质指标。测量结晶度的方法有 X 射线法、红外光谱法和密度法。通过测定高聚物试样的密度 ρ 可算出结晶度：

$$f_v^c = \frac{\rho - \rho_a}{\rho_c - \rho_a} \quad (3\text{-}21)$$

式中，f_v^c 为结晶度（即聚合物结晶部分的体积百分数）；ρ_c 为聚合物完全结晶（结晶度 100%）时的密度；ρ_a为聚合物完全不结晶（结晶度 0%）时的密度。

假定聚合物晶区和非晶区的比容具有加和性，则：

$$v = f_w^c v_c + (1 - f_w^c) v_a \quad (3\text{-}22)$$

$$f_v^w = \frac{v_a - v}{v_a - v_c} = \frac{1/\rho_a - 1/\rho}{1/\rho_a - 1/\rho_c} = \frac{\rho_c}{\rho} f_c^v \quad (3\text{-}23)$$

式中，f_v^w 为结晶度，即聚合物结晶部分的质量分数。

3.8.3　仪器与试剂

仪器：恒温水槽1套，25mL比重瓶1只，10mL烧杯，10mL滴定管，移液管（5mL、10mL），容量瓶25mL，一次性滴管3只，玻璃棒1只。

试剂：聚氯乙烯，聚苯乙烯，高压聚乙烯、低压聚乙烯颗粒，95%乙醇，三氯甲烷，去离子水。

3.8.4　实验步骤

3.8.4.1　聚乙烯密度及结晶度测定

聚乙烯密度及结晶度测定实验步骤为：

（1）将几颗聚乙烯颗粒放入10mL烧杯内，并称其质量。

（2）向试管中加入密度较小的液体（如95%乙醇）1mL，并重新称重，此时聚合物样品全部沉在试管底部。

（3）一边滴加另一种密度较大的液体（如去离子水），一边摇动试管直至聚合物颗粒自由悬浮为止，再称重。

（4）根据3次称重的数据及此两种液体的密度按式（3-16）求得聚合物的密度（可以用比重瓶测量混合液体的密度，测量时比重瓶中的液体要加满，不能有气泡）。根据公式（3-21）计算聚合物的结晶度。聚乙烯20℃时，$v_a=1.233\text{cm}^3/\text{g}$，$v_c=1.009\text{cm}^3/\text{g}$；25℃时，$v_a=1.161\text{cm}^3/\text{g}$，$v_c=1.013\text{cm}^3/\text{g}$。

3.8.4.2　浊度法测聚苯乙烯溶度参数

浊度法测聚苯乙烯溶度参数实验步骤为：

（1）选择溶剂和沉淀剂。先确定聚苯乙烯的溶度参数δ_p范围。取少量聚苯乙烯，用溶剂（其δ值查溶度参数表3-7）做溶解实验，常温下如果聚苯乙烯不溶解，可把聚苯乙烯和溶剂一起加热，然后冷却，不析出沉淀即认为是可溶的，然后冷却。选出合适的溶剂和沉淀剂。

表3-7　常用溶剂的溶度参数δ　　$(\text{cal/cm}^3)^{1/2}$

溶　剂	δ	溶　剂	δ	溶　剂	δ
四甲基甲烷	6.3	四氯化碳	8.62	甲酸	13.5
正丁烷	6.64	氯代己烷	8.67	酚	14.5
异戊烷	6.75	四氯乙烷	9.44	甲醇	14.48
异丁烯	6.78	庚醇	9.65	乙胺	10.0
丁二烯	6.83	乙醛	9.84	丙烯腈	10.5
正戊烷	7.02	丙酮	9.89	丙烯酸	12.0
正己烷	7.25	环己酮	9.92	乙二胺	12.3

续表 3-7

溶　剂	δ	溶　剂	δ	溶　剂	δ
正庚烷	7.43	乙醇	9.97	甲基丙烯酸	11.2
乙醚	7.70	二氯甲烷	10.04	丙二醇	12.6
正辛烷	7.80	二硫化碳	10.1	丙三醇	16.5
环戊烷	8.25	对二氧六环	10.15	乙二醇	14.6

（2）称取 0.2g 聚苯乙烯，用选定的溶剂（先用三氯甲烷）溶于 25mL 溶剂中，用移液管取 5mL 溶液放入一试管中，用正戊烷滴定，滴定时要轻轻晃动试管，至沉淀不消失为滴定终点。记下滴定用去的正戊烷的体积。然后再用甲醇做沉淀剂滴定聚合物溶液，同样操作并记录甲醇的体积。

（3）另分别取 0.1g、0.05g 聚苯乙烯溶于 25mL 溶液，同样进行滴定操作。

（4）计算聚合物的溶度参数（结果见表 3-8 一些常用聚合物的溶度参数 δ）。

表 3-8　一些聚合物的溶度参数 δ　　$(cal/cm^3)^{1/2}$

聚合物	δ	聚合物	δ	聚合物	δ
聚四氟乙烯	6.2	环氧树脂	9.7~10.9	氯丁橡胶	8.2~9.25
乙丙橡胶	7.9	聚醋酸乙烯酯	9.35~11.05	聚乙烯醇	12.6~14.2
聚异丁烯	7.9	聚甲基丙烯酸甲酯	9.1~12.8	聚碳酸酯	9.5
天然橡胶	7.9~10.0	尼龙-66	13.6	聚甲醛	10.2~11
聚丁二烯	8.1~8.6	聚氨酯	10.0	聚二甲基硅氧烷	7.3~7.6
聚苯乙烯	8.7~9.3	丁腈橡胶	8.7~10.3	硝基纤维素	8.5~11.5
聚氯乙烯	9.5~9.7	丁苯橡胶	8.1~8.7	聚甲基丙烯腈	10.7

3.8.5　思考题

（1）悬浮法测量固体样品的原理是什么？

（2）组成混合液体的各组分要满足什么条件？

3.9　测定高分子材料的塑化性能实验

3.9.1　实验目的

（1）了解转矩流变仪的工作原理和使用。

（2）了解高分子材料塑化性能与成型加工的关系。

（3）掌握由高分子材料塑化特性拟定成型加工工艺的方法。

（4）熟悉测定高分子材料塑化性能的方法及原理。

（5）学会运用扭矩-时间曲线图评价加入配合剂后的材料性能。

3.9.2 实验原理

高分子材料的成型过程，如塑料的压制、压延、挤出、注塑等工艺，化纤纺丝，橡胶加工等过程，都是利用高分子材料熔体的塑化特性进行的。熔体受力作用，表现有流动和变形，而且这种流动和变形行为强烈地依赖材料结构和外界条件，高分子材料的这种性质称为流变行为（即流变性）。

测定高分子材料熔体流变性质的仪器很多，转矩流变仪是其中的一种。它由微机控制、混合装置（挤出机、混合器）等组成。测量时，被测试物料放入混合装置中，动力系统对混合装置外部进行加热并驱使混合装置的混合元件（螺杆、转子）转动，微处理机按照测试条件给予给定值，保证转矩流变仪在实验控制条件下工作。物料受混合元件的混炼、剪切作用以及摩擦热、外部加热作用，发生一系列的物理、化学变化。在不同的变化状态下，测试出物料对转动元件产生的阻力转矩、物料热量、压力等参数。微处理机再将物料的时间、转矩、熔体温度、熔体压力、转速等测量数据进行处理，得出图形式的实验结果。

利用转矩流变仪可以测量高分子材料在凝胶、熔融、交联、固化、发泡、分解等作用状态下的塑化曲线，如转矩-时间曲线、温度-时间曲线以及转矩-转速曲线，以此了解成型加工过程中的流变行为及其规律，还可以对不同塑料的挤出成型过程进行研究，探索原材料与成型工艺、设备间的影响关系。

所以，测量塑料熔体的塑化曲线，对于成型工艺的合理选择、正确操作、优化控制，获得优质、高效、低耗的制品以及制造成型工艺装备提供必要的设计参数等都具有重要的意义。

3.9.3 实验所用原料

本实验所用原料见表 3-9。

表 3-9 实验所用原料

药品名称	数量/g	药品名称	数量/g
硬质 PVC 颗粒	47×6 个	硬脂酸钙（Ca-St）	0.5
硬脂酸钡（Ba-St）	0.7	硬脂酸（H-St）	0.6
邻苯二甲酸二辛酯（DOP）	1.9	碳酸钙（$CaCO_3$）	7.1

原材料应干燥，不含对设备有损伤的组分，材质和粒度均匀，添加剂粒径小于 3mm。

3.9.4 实验设备及实验条件

本实验采用 XSS-300 转矩流变仪测量塑料熔体的塑化曲线，其测试装置是 LH60 橡胶塑料混合装置。实验条件控制与材料性质、实验目的有关。实验条件包括加料量、温度、转速和时间。

3.9.4.1 加料量

实验开始自混合器上部的加料口加入混合室的物料，不但受到上顶加压装置施加的 5kg 压力的作用，而且还承受转子外表面与混合室壁间的剪切、搅拌、挤压作用，转子间的捏合、撕拉作用，转子轴向间的翻捣、捏炼等作用。这些作用使物料以连续变化的速度梯度和转子对物料产生的轴向力的形式，实现物料的混炼、塑化。显然，混合室内的物料量不足，转子难以充分接触物料，达不到混炼塑化的最佳效果。反之，加入的物料过量，部分物料集中在加料口不能进入混合室，混炼塑化不均匀，或出现超额的阻力转矩，使仪器安全装置发生作用，停止运转，中断实验。若实验过程中，去除上顶加压装置的作用，仪器转矩变化不突出时，说明加料量基本合适。

3.9.4.2 温度和转速

混合器加热温度一般取物料的熔融温度或成型温度。如果选择的温度过低，就会出现超额的阻力转矩，触发安全装置，使仪器停止运转，实验中断。若温度过高，高分子的链段活动能力增加，体积膨胀，分子间相互作用减小，流动性增大，黏度随温度而降低，物料在混炼塑化过程中的微小变化不易显示出来，由此影响测试的准确性。对于 PS、PVC、PC 等高聚物，因为黏流活化能很大，熔体黏度对温度十分敏感，增高温度可以大大降低熔体的黏度，应注意温度的控制和调节，使测试结果准确可靠。但温度过高，会引起热降解和交联反应。

转子转速高低主要影响塑化速度和物料的混合质量。转速高，剪切速率高，塑化速度快，物料混合均匀所需时间短。反之，剪切速率低，塑化速度慢，混合均匀所需时间长。

3.9.4.3 时间

混炼时间应根据高分子材料的耐热性、实验观察现象出现的时间区域等因素确定。一般来讲，使用 XSS-300 转矩流变仪实验材料的加工流动性时，实验时间设定为 15min 即可。

3.9.5 实验步骤及实验内容

3.9.5.1 准备工作

准备工作如下所示。

（1）了解转矩流变仪的用途、测试装置的工作原理和主要技术参数、仪器使用和清理的有关规定。转矩流变仪是测试橡胶、塑料等高分子材料加工工艺性能及流变性能的多功能试验设备。它不仅能用作摸索高分子材料的工艺加工性能，而且能用作研究新材料和设计新配方。转矩流变仪的应用可大体分为三个方面：

1）进行工艺性模拟试验。在转矩流变仪上通过对影响材料流变性能的各种参数测量，可以创造出与密炼机、压延机、挤出机、螺杆注射机、热压力机相似的实验条件。当了解了实验条件对被实验材料的影响时，就可以迅速调整批量生产中的工艺条件，从而到达指导实际生产的目的。

2）测量高分子材料的流变性能（或流变行为）。高分子材料在混合混炼过程中，利用各种测试手段，研究材料在呈固态、半固态、液态的变化过程和影响这些状态的因素，研究材料的流动和变形与影响流变的各种因素及这些因素间的关系。

3）为开发新材料、设计新配方提供科学依据。在聚合物中加入稳定剂、增塑剂、润滑剂、填料、颜料等添加剂时，添加剂的品种和数量都对原材料的质量有很大影响。使用转矩流变仪可将不同配方的流变曲线记录下来，与标准曲线对比，通过优化筛选确定理想的配方。

本实验测试装置是 LH60 橡胶塑料混合装置。它可用于橡胶、塑料与添加剂作混炼试验。其工作原理与密炼机基本相同，胶料在带有螺旋棱边的两个特种转子之间，并在一定的压力下进行挤压、捏合、剪切和搅拌。

LH60 橡胶塑料混合装置的主要技术参数：

混合室总容量：60mL。

转子工作段尺寸：ϕ36. 45mm×46. 6mm。

主动转子允许转速：10~120r/min。

转子速度比（主动/从动）：3/2。

压料块对物料的压力：0. 656×10^4Pa。

混合室允许最高加热温度：350℃。

允许最大工作转矩：80N · m。

转子中心高：115mm。

LH60 橡胶塑料混合装置为精密测试仪器，安装时一定要做到小心轻放，不得发生碰撞、冲击现象。使用和清理时必须注意以下几点：

①在加热状态下，本机不允许搬运、拆装，在热态排料时，必须带有隔热防护手套进行操作，拆卸下来的有关零件（如前板、中间体等），不得任意放置，必须挂在专用的固定架上，以防烫伤。

②在加热时，必须严格控制加热温度，一旦达到所需的加热温度后，应立即

停止加热，避免高温过烧。

③在加料时，严禁用手直接加料，必须使用专用的斜槽加料。同时还应注意不得将手放于加料口附近，以免发生意外。

④压入物料时，必须使用机器上原配压料块。不得用其他物件代替，以防损坏加料器、混炼室及转子等有关零件。

⑤操作时必须有人看管。

⑥混炼试验应在通风良好的、洁净的实验室内进行。

⑦严禁用坚硬的工具进行清理和调整工作，以免碰伤有关零件。清理工具必须采用铜质或柔性材料制成，而且应在低温时进行。

⑧不允许铲转子表面。转子表面有残余物料时，可趁热用隔热防护手套擦拭。

⑨当压料杆升起后，不得用手拖拉压料齿条，也不得在其上面加任何外载荷。

（2）组装设备。先将所用的混合器与动力系统组装起来，最后相应地插上所有的电加热插头、压力插头和热电偶插头。这项工作由设备负责人或实验教师完成，做实验的学生观看。

（3）按式（3-24）计算加料量，并用天平准确称量。

$$m = V \times \rho \times a \tag{3-24}$$

式中，m 为加料量，g；V 为混合器容积，cm^3，LH60 混合室容积为 $60cm^3$；ρ 为原材料的固体或熔体密度，g/cm^3；a 为加料系数，按固体或熔体密度计算分别为 0.65、0.80。

3.9.5.2 测试操作

测试操作步骤为：

（1）启动转矩流变仪的微机及动力系统，设置各段加热区的温度为 140℃，并点击“开始加热”按钮开始加热。

（2）当各段加热区都已达到所设定的温度后，保温 30min，以保证混合器内部温度均匀和稳定。

（3）加料。如图 3-19 所示，先顺时针转动操纵手轮，直至压料杆被锁定在加料装置上方的锁定位置上后，放开手轮（此时压料块不会自行下落），把定量的试样放入加料盒内。接着将加料盒斜插在加料器左上方，并且插稳固定，这时试样将沿着加料盒光滑底面全部进入加料器内（若有少量粉状物料留在加料盒内时，可用小刷子将其全部刷入加料器内）。然后用右手握住操纵手轮，左手拔出锁紧销手球，再逆时针方向转动操纵手轮，使压料块稳速下落，当压料块到达加料器底部并以物料接触时，可放开操纵手轮。最后将加料盒拆除下来。

（4）开启传动装置。3min 后，开启传动装置，并将转速由零逐渐调至

31.5r/min，同时启动记录，开始实验。

(5) 拆卸、清理混合器。实验结束后，停止加热，停止传动。打开混合器前板紧固螺母，取下前板并把其挂在固定架上，趁热取出混合室内的物料，用专用工具及干净棉质布料把混合室壁、前板和转子清理干净。

(6) 装上前板，进行下一个实验或中止实验。

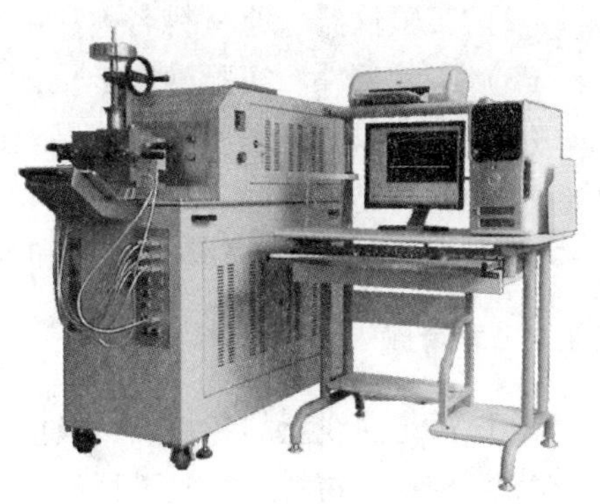

图 3-19 转矩流变仪

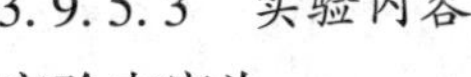

3.9.5.3 实验内容

实验内容为：

(1) 在相同的实验条件下（如温度为 140℃，转速为 31.5r/min）用不同的实验配方进行实验。实验配方参考如下：

1）硬质 PVC 颗粒；2）硬质 PVC 颗粒和硬脂酸钙（Ca-St）；3）硬质 PVC 颗粒和硬脂酸钡（Ba-St）；4）硬质 PVC 颗粒和硬脂酸（H-St）；5）硬质 PVC 颗粒和邻苯二甲酸二辛酯（DOP）；6）硬质 PVC 颗粒和碳酸钙（$CaCO_3$）。

(2) 在相同配方下，在不中止实验情况下，改变实验条件。实验条件参考见表 3-10。

表 3-10 实验条件

温度/℃	转速/r · min^{-1}	温度/℃	转速/r · min^{-1}	温度/℃	转速/r · min^{-1}
140	31.5	120	31.5	120	60
140	20	160	31.5	180	60
140	40	160	40	180	20

3.9.6 实验结果与报告

3.9.6.1 实验结果

(1) 数据整理。完成实验曲线的有关设置及制作报告。

(2) 实验结果表述。写出测试时的各项实验条件；以实验所得数据、曲线为例，讨论在高聚物结构研究、材料配方选择、成型工艺条件控制、成型机械及模具设计等方面的应用。

3.9.6.2 实验报告

实验报告应包括下列内容：

(1) 实验目的和实验原理；

(2) 实验仪器、原材料名称和用量;

(3) 实验条件、实验操作步骤;

(4) 实验数据整理和实验结果表述;

(5) 解答思考题。

(1)~(3) 在课前完成,(4) 和 (5) 在课后完成。

3.9.7 思考题

(1) 塑化曲线上的各拐点、极值点和平台代表什么意义?

(2) 从测试物料及实验过程如何保证实验结果的可靠性?

(3) 如何确定实验时间,如果在200℃下,会出现什么现象?塑化曲线会如何变化?

3.9.8 实验中注意事宜

在实验过程应注意以下几点:

(1) 未经老师同意,不得操作和触动计算机及仪器的各个部分。

(2) 混合器各段温度未达到工艺要求时,不得进行实验。

(3) 实验过程中,注意观察扭矩、温度、压力等工艺参数的变化,并进行记录。

(4) 把塑料倒入料斗时,检查有无铁屑、铁钉之类金属或其他异物混入物料,以免在螺杆旋转时损坏仪器或影响实验结果的可靠性。

(5) 混合器加热温度比较高,不要裸手触摸,以免发生烫伤事故。

(6) 实验结束后,清理工具,打扫卫生。

参考文献

[1] 文九巴. 金属材料学 [M]. 北京：机械工业出版社，2011.
[2] 杨子润，刘学然. 金属材料工程专业实验实训 [M]. 北京：化学工业出版社，2019.
[3] 仵海东. 金属材料工程实验教程 [M]. 北京：冶金工业出版社，2017.
[4] 魏坤霞. 金属材料实验教材 [M]. 北京：中国石化出版社，2016.
[5] 袁兴栋，杨晓洁. 金属材料磨损实验 [M]. 北京：化学工业出版社，2015.
[6] 王吉会. 腐蚀科学与工程实验教程 [M]. 北京：北京大学出版社，2013.
[7] 赵忠魁. 金属材料学及热处理技术 [M]. 北京：国防工业出版社，2012.
[8] 饶克. 金属材料专业实验教程 [M]. 北京：冶金工业出版社，2018.
[9] 齐宝森. 新型金属材料-性能与应用 [M]. 北京：化学工业出版社，2015.
[10] 王凤平. 金属腐蚀与防护实验 [M]. 北京：化学工业出版社，2014.
[11] 徐跃，张新平. 工程材料及热成形技术 [M]. 北京：国防工业出版社，2015.
[12] 杜景红，曹建春. 无机非金属材料学 [M]. 北京：冶金工业出版社，2016.
[13] 罗永勤，高云琴. 无机非金属材料实验 [M]. 北京：冶金工业出版社，2018.
[14] 马小娥. 材料实验与测试技术 [M]. 北京：中国电力出版社，2008.
[15] 盛学民. 高性能镍锌铁系铁氧体的制备与性能研究 [D]. 兰州：兰州大学，2008.
[16] 艾进进. 负极材料锡基硫化物的液相合成及其改性研究 [D]. 上海：上海电力大学，2019.
[17] 雷轶轲. 锂离子电池高镍三元正极材料的制备与改性研究 [D]. 上海：上海电力大学，2019.
[18] 刘婧雅. 硅酸锰锂正极材料的改性研究 [D]. 上海：上海电力大学，2018.
[19] 张文瀚. 锂离子电池钛酸锂负极材料的制备与改性研究 [D]. 上海：上海电力大学，2020.
[20] 蒋鸿辉. 材料化学合无机非金属材料实验教程 [M]. 北京：冶金工业出版社，2018.
[21] 高俊刚，李源勋. 高分子材料 [M]. 北京：化学工业出版社，2002.
[22] 秦刚，范利丹. 高分子材料专业基础实验教程 [M]. 徐州：中国矿业大学出版社，2016.
[23] 殷勤俭，周歌，钟安永，等. 现代高分子科学实验 [M]. 北京：化学工业出版社，2012.
[24] 刘建平，宋霞，郑玉斌. 高分子科学与材料工程实验 [M]. 2 版. 北京：化学工业出版社，2017.
[25] 王荣民，宋鹏飞，彭辉. 高分子材料合成实验 [M]. 北京：化学工业出版社，2019.
[26] 何曼君. 高分子物理 [M]. 上海：复旦大学出版社，2004.
[27] 张玥. 高分子科学实验 [M]. 青岛：中国海洋大学出版社，2010.
[28] 何平笙，高聚物的力学性能 [M]. 合肥：中国科技大学出版社，1997.
[29] 戴束桂. 仪器分析 [M]. 北京：高等教育出版社，1985.

[30] 曾昭琼. 有机化学实验 [M]. 北京：人民教育出版社，1983.
[31] 吴瑾. 傅里叶变换红外光谱技术及应用 [M]. 北京：科学技术文献出版社，1994.
[32] 潘祖仁. 高分子化学 [M]. 北京：化学工业出版社，2007.
[33] 何平笙，李春娥. 高分子物理实验初探 [J]. 高分子通报，2000 (2)：94~96.
[34] 北京大学化学系高分子化学教研室. 高分子物理实验 [M]. 北京：北京大学出版社，1983.
[35] 杨海洋，朱平平，等. 高分子物理实验 [M]. 合肥：中国科技大学出版社，2014.
[36] 欧国荣，张德震. 高分子科学与工程实验 [M]. 上海：华东理工大学出版社，1998.
[37] GB/T 10124—1998，金属材料实验室均匀腐蚀全浸试验方法.
[38] GB/T 17899—1999，不锈钢三氯化铁点腐蚀试验方法.